KB042494

알기쉬운

도시철도시스템 II

신호제어설비 · 전기설비일반

원제무 · 서은영

박영사

머리말

도시철도는 시민의 발이다. 이는 도시철도는 도시에서 시민들이 매일 이용하는 핵심 대중교통수단이기 때문이다. 도시철도는 우리의 도시생활과 밀접하게 연관되어 있어서 철도 분야와 관련된 철도 전문가뿐 아니라 일반 도시민들의 뜨거운 관심을 받고 있는 교통수단이기도 하다. 이런 의미에서 도시철도시스템 분야에 대한 관심이 증폭되면서 주목의 대상이 되고 있다. '도시철도 일반'이 제2종철도차량 운전면허시험과목에 포함된 배경이기도 하다.

저자들은 도시철도시스템이란 과목을 좀 더 독자들에게 가깝게 다가가기 위하여 책 곳곳에 다양한 그림과 표를 집어넣으면서 가급적 알기 쉽게 풀어보았다. 이는 어디까지나 학생(철도차량 운전면허수험생)의 편의에서 조금이라도 도움이 되었으면 하는 의도에서이다.

첫 번째, 도시철도와 운전일반에서는 도시철도의 과거와 현재를 이해하기 위한 도시철도의 연혁, 도시철도의 특성, 그리고 도시철도의 운영현황을 다룬다. 여기서는 광역철도 도시간 철도 경량전철, 노면전차, 모노레일, 안내 궤도식 철도, 자기부상열차란 무엇인지에 대해 알아본다. 또한 대형전동차와 중형전동차로 구성된 중량전철에 대해서도 알아본다.

운전일반에서는 열차운행의 종류와 기관사의 정체성(3가지)와 기관사의 업무특징에 대해 설명한다. 아울러 전기동차의 승무사업 준비과정과 동력차 인수인계를 논한다. 운전취급에서는 기동절차라고 불리우는 출고준비과정과 기능시험 준비과정을 설명한다. 그리고 전기동차 운전에 있어서 운전취급, 제동취급, 열차운행 중 주요사항에 대해 독자들의 이해를 돕는다.

두 번째, 차량 및 주요기기에서는 우선적으로 차량유니트와 전동차 추진 원리를 비롯한 전기동차의 종류와 특성을 논한다. 이어서 특고압 기기의 구성 및 기능을 하나씩 살핀다. 그리고 제동장치와 제동의 종류 및 작용(SELD, HRDA, KNORR)에 대해 설명한다.

세 번째 신호제어설비에서는 신호기의 개발 연혁, 열차간격제어시스템(ATS/ATC/ATO), 신호기, 표지의 종류, 선로전환기, 궤도회로 폐색장치를 기술한다. 아울러 연동장치에서는 신호기와 선로전환기 상호 간의 연쇄, 선로전환기 상호 간의 연쇄 등에 대해 논하고, 여러 가지 쇄정방법에 대한 내용도 다룬다.

네 번째, 전기설비 일반은 전기, 전기철도에 대한 이해에 우선적으로 초점을 맞춘다. 전기철도의 개념 및 연혁, 교직류 특성 분류, 급전방식, 절연구간, 전차선 및 구분장치에 대한 내용을 논한다. 독자의 입장에서 보면 '전기철도'를 배우는 것이라 낯설고 이해가 잘 안 갈 수 있으나 그림과 표를 동원하여 가급적 쉽게 설명하려고 노력해 보았다. 전기설비는 시험에 자주 출제가 되므로 전기철도 관련 내용을 꼼꼼히 살펴 볼 필요가 있다. 따라서 전기에 대한 개념정리를 확실히 하고, 교직 급전계통, 전차선 가선방식 및 설비, 표지 등의 설치 조건을 이해해야 한다. 특히 에어조인트, 에어섹션, 익스펜션조인트, 앵커링 등 구분장치들은 외우는 것이 도움이 된다.

다섯 번째, 토목일반에서는 우선적으로 철도토목에 대한 이해. 궤도, 노반, 구조물에 대한 학습을 한다. 철도선로의 구조, 궤간, 완화곡선(크로소이드), 슬랙, 기울기(구배), 건축한계와 차량한계, 레일과 침목의 종류 등등 철도토목에 대한 기본적인 지식을 쌓는 내용들로 구성되어 있다. 분기기의 구성 3요소, 차량 및 건축한계 수치, 궤도의 구성요소 등과 레일의 종류(장척, 단척 표준 등) 등 시험에 자주 출제되는 내용을 정확히 이해하는 것이 필요하다.

여섯 번째, 정보통신에서는 우선적으로 아날로그와 디지털, 유무선 매체, 전파 주파수 등에 대한 이해도를 높인다. 정보통신에서 다루는 내용은 많은데 기존에 출제된 시험문제를 보면 주로 '정보통신 일반'의 앞부분에서 출제되는 경향이 있다. 따라서 정보통신 일반

초반부에 집중하여 이해하면서 열차 고정형 무전기 등에 대해서는 심도 있게 다루지 않아도 될 듯하다(단 후반부 C, M, Y 채널은 외워야 한다.).

일곱 번째, 관제장치에서는 우선 "관제장치는 어떤 역할은 하는가?"를 이해해야 한다. 관제장치의 본질적인 기능은 (1) 자동으로 열차운행 제어한다. (2) 한 곳에서 집중 제어한다. (3) 열차안전운행을 위해 보안기능을 활용한다. (4) 서비스제공이다. 관제장치에서는 이런 관제장치의 역할을 다하기 위한 CTC, TTC제어, MSC, TTC 등 관제설비의 종류, 관제 주요기기, 로컬/중앙제어, 관제사의 업무 및 운전명령, 사고 및 장애 관리 등에 대해서 살펴본다. 여기서는 전반적으로 관제장치별 개념을 이해하고 외워야 한다. 특히 TTC와 TCC는 서로 기능이 다르므로 헷갈리지 말아야 한다.

이 책을 출판해 준 박영사의 안상준 대표님이 호의를 배풀어 주신 것에 대해 감사를 드린다. 아울러 이 책의 편집과정에서 보여준 전채린 과장님의 정성과 열정에 마음 깊이 고마움을 느낀다.

아무쪼록 이 책을 통해 더 많은 철도면허시험 준비하는 분들이 국가고시에 합격하게 된다면 저자로서는 이를 커다란 보람으로 삼고자 한다.

저자 원제무 · 서은영

제1부 신호제어설비

제1장 열차간격제어설비

제2장 신호제어설비의 분류

제2부 전기설비일반

제1장 전기철도 일반

제2장 전기철도의 분류

제4장 전차선로와 열차운전

제5장 전차선로 설비

제6장 변전설비

제1부

신호제어설비

열차간격제어설비

제1절 ATS(자동열차정지장치: Automatic Train Stop)

1. ATS란?

(1) ATS가 동작하여 열차가 신호의 지시속도를 초과하면 일정시간(약 3초: 따르릉!!!) 경보하고

(2) 시한 내에 일정수준의 제동취급을 하지 않으면 자동으로 비상제동이 걸린다.

(3) 또한 정지신호 구간 내를 임의로 진입하면 비상제동이 체결되어 열차안전을 확보해주는 기능을 한다.

* ATS는 지상신호기에 의존, 지상자(노란색)가 있는 부분에서만 신호를 받아 ATS를 작동

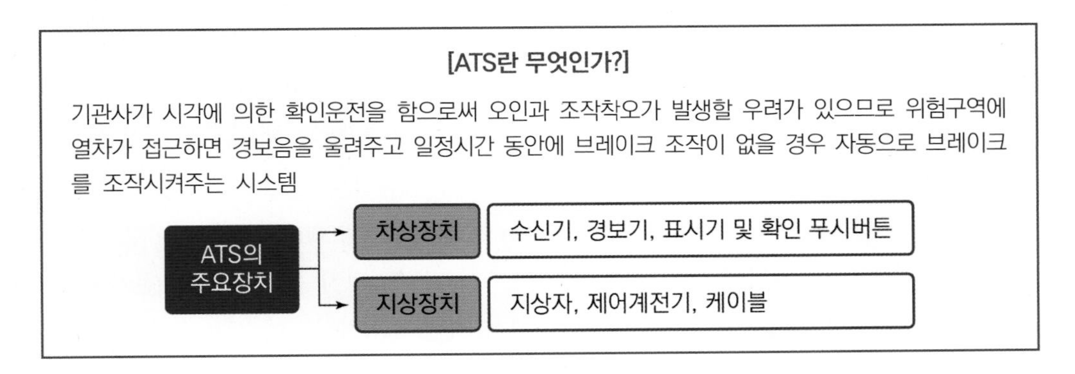

[ATS의 기능]

① 선행열차의 열차위치를 파악하여 후속열차에 안전한 운행속도를 지상신호기를 통하여 승무원에게 지시
② 선행열차와의 거리가 멀고 가까움에 따라 지상신호기에 주의, 감속, 정지 등의 신호현시
③ 신호기 내방에 설치된 ATS 지상자에 신호현시 조건을 연계시켜 ATS 지상자 위를 열차가 통과할 때 열차의 운행속도가 지시하는 속도보다 높을 경우 차상 ATS장치는 과속경보를 함

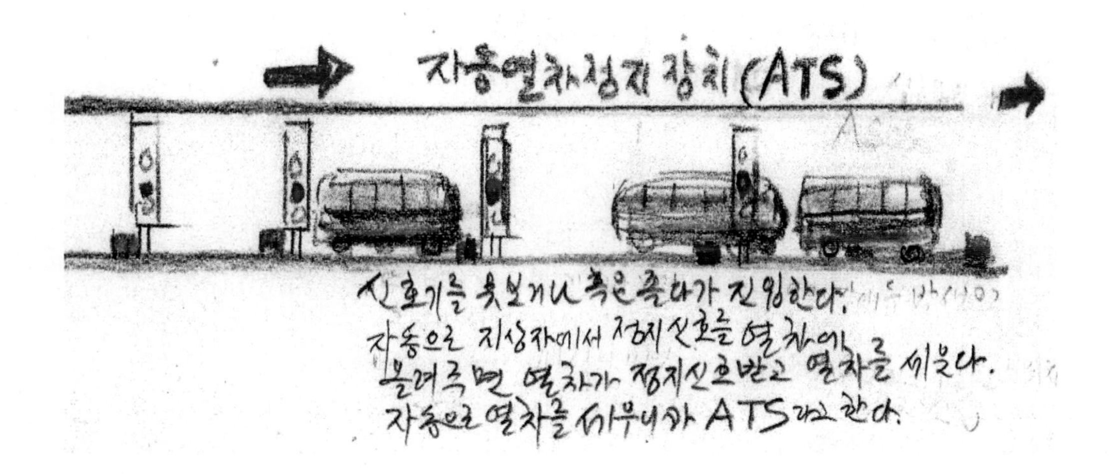

2. 열차자동 정지장치(ATS) 작동절차

[작동절차]

– 선행열차의 열차 위치를 파악하여 후속 열차에 대한 안전한 운행속도를 지상신호기를 통하여 승무원 기관사에게 지시하고 과속 시 ATS가 작동한다.
– 궤도회로의 길이를 200m~600m로 구분하여 열차위치를 검지한다
– 궤도를 전기회로의 일부분으로 활용한다(궤도회로의 길이 : 폐색구간의 길이).
– 폐색구간은 궤도회로가 만들어지면서 가능해졌다고 볼 수 있다. 열차가 폐색구간을 진입하면 열차 축에 의해 단락이 된다. 열차가 점유하는 것을 알 수 있게 된다(하나의 열차의 길이가 20m이므로 10량이면 200m에 달하므로 200m는 최소 길이로 보면 된다).
– 선행열차와의 거리에 따라 지상신호에 주의, 감속, 정지 등의 신호를 현시하게 된다.
– 신호기 내방 2m, 외방 6m 정도 사이에 설치된 ATS지상자에 신호조건을 연계('주의'이면 주의신호를 쏴주고, '정지'이면 정지신호를 쏴준다)시킨다.

3. 지상장치와 차상장치

[지상장치와 차상장치]

(1) 지상장치

① 점제어식(서울-부산)

② 차상속도조사식(수도권 전철)

(2) 차상장치

① 차내경보장치(램프나 정보)

② 열차자동정지장치(브레이크 동작)

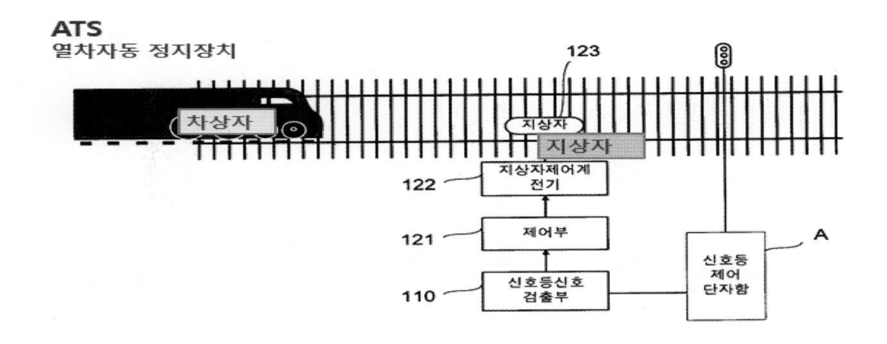

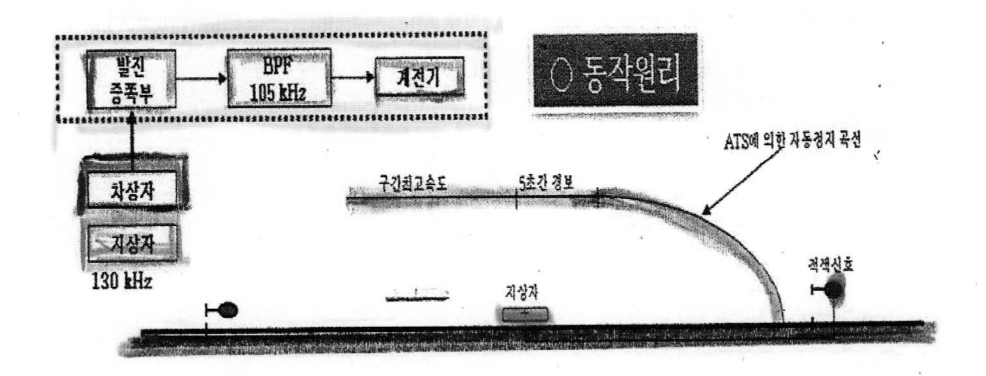

ATS 장치의 동작계통순서 : 지상자-차상자-발진증폭부-여과기(대역필터 BPF105Hz)-계전기-운전실

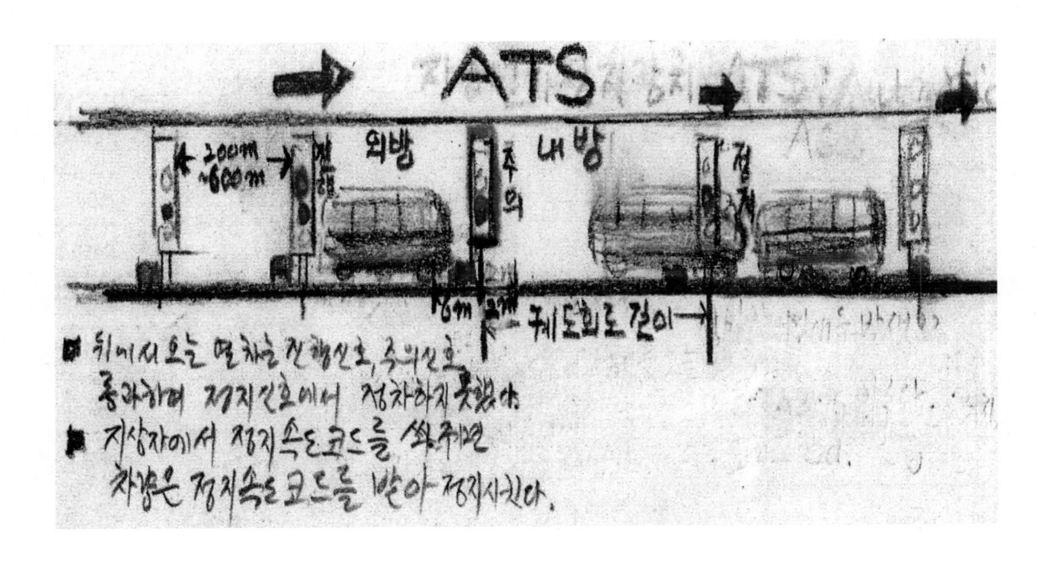

[지상신호방식+차상신호방식(ATS에 의한 점제어)]

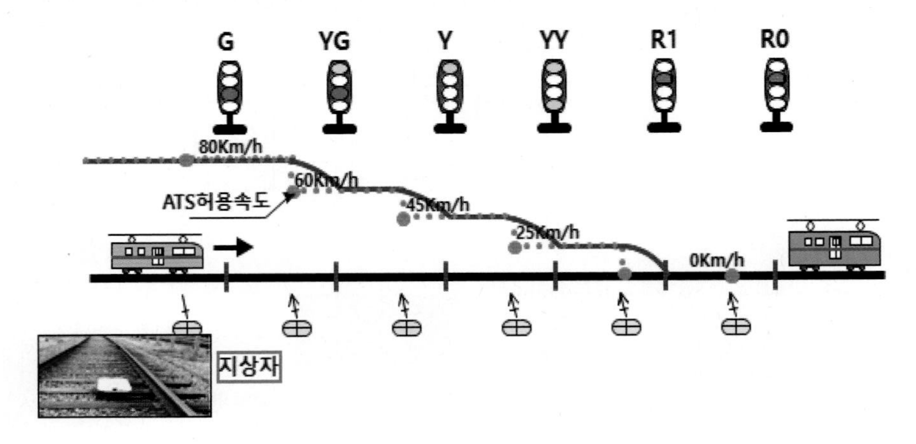

[ATS]

- 지시속도보다 높을 경우 차상 ATS장치는 과속 경보
- 3초 이내에 지시하는 속도 이하로 운행해야 하며 이를 무시하면
- ATS지상 장치는 열차를 자동으로 비상정지

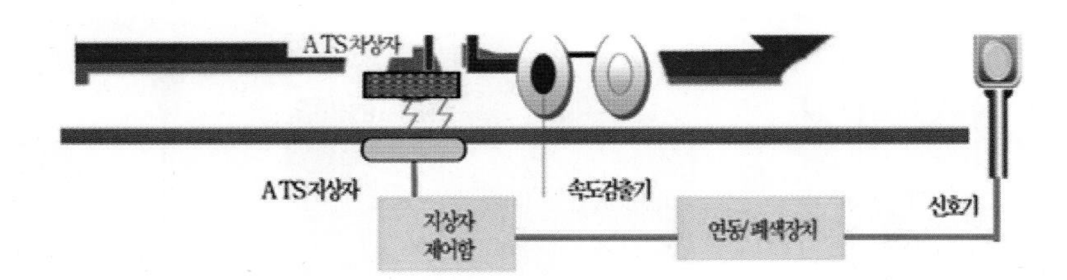

지상자: ATS 신호에서는 신호등 옆의 선로 중간에 하얀색 장치가 설치되어 있다. 이 장치를 지상자라고 부른다. 이 장치에서는 특정한 전파가 발신되는데 중요한 것은 옆에 설치된 신호등 색깔에 따라 다른 전파를 쏜다는 점이다.

〈학습코너〉 열차자동정지장치(ATS: Automatic Train Stop)

ATS란?

(1) 열차자동정지장치(ATS: Automatic Train Stop): 열차가 정지신호(빨간 불)인데도 진입하였거나 허용된 신호 이상으로 운전할 경우 무조건 자동으로 정지시키는 장치

(2) 초창기 ATS Go/Stop만 갖고 있었으나 현재는 보다 안전하고 효과적인 열차방어를 위해 진행(G)/감속(YG)/주의(Y)/경계(YY)/정지(R)로 단계적으로 구분된 속도코드를 가지고 있다. 서울 1호선, 2호선 등에서 채택하고 있다.

(3) 점제어식: 지상의 특정 지점에서 정지신호에서만 동작하는 방식

(4) 속도조사식: 신호기 현시에 따라 열차속도를 제어하는 방식

(5) 공진주파수: 회로에 포함되는 L과 C에 의해 정해지는 고유 주파수와 전원의 주파수가 일치함으로써 공진 현상을 일으켜 전류 또는 전압의 최대가 되는 주파수

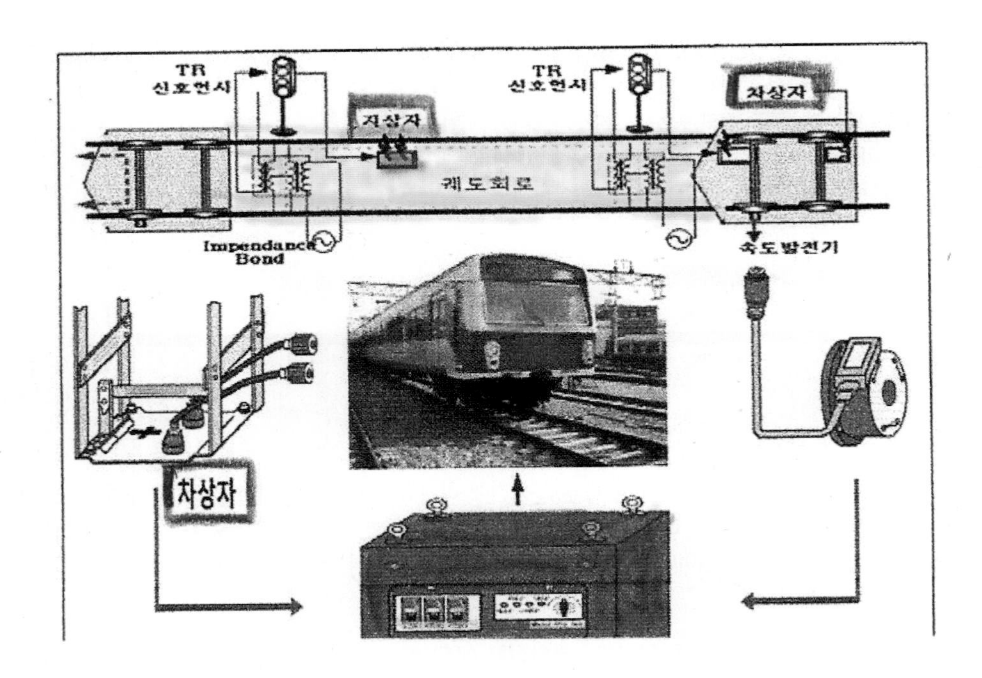

[ADU(Aspect Display Unit) : 차내신호기]

- 지령속도: 적색(우측)
- 실제속도: 오렌지색(좌측)
- YARD 등: 황색(구내운전 시)
- STOP 등: 적색 운행 중 정지조건

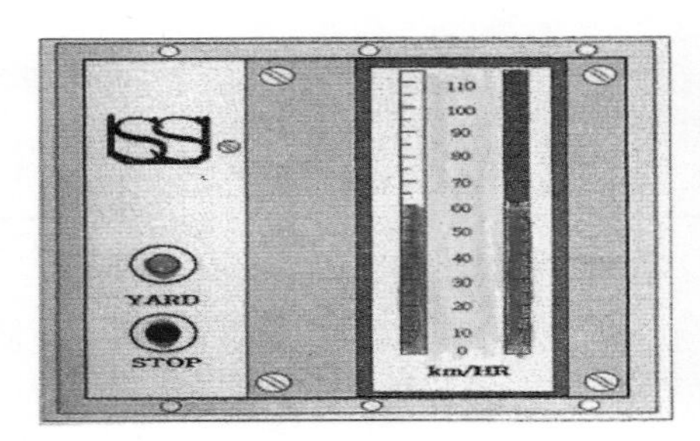

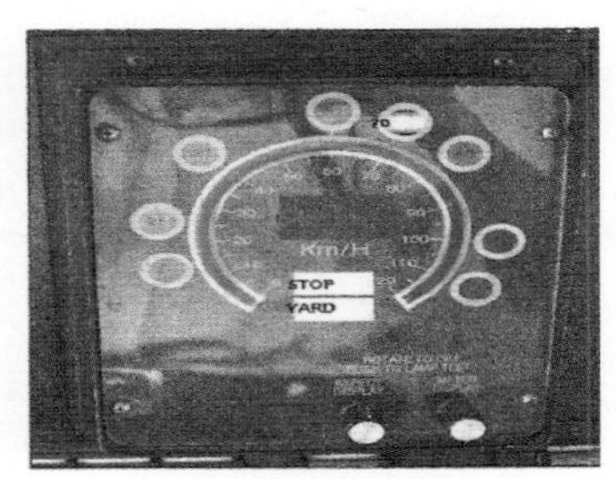

자료: 박정수, 도시철도시스템공학

예제 **다음 중 신호를 위반하여 운행하는 열차의 안전확보를 위해 설치하는 철도신호제어설비는?**

가. 신호기장　　　　나. 연동장치

다. 열차자동정지장치　　　　라. 폐색장치

해설 신호를 위반하여 운행하는 열차의 안전확보를 위해 열차자동정지장치(ATS)를 설치한다.

※ 열차자동정지장치(ATS)

(1) 차내신호 방식, 선행열차 위치파악, 후속열차 운행속도지시, 연속제어방식
(2) 레일을 송신 안테나로 이용, 지상 ATC 신호시스템은 선행열차의 위치를 파악
(3) 후속열차에 운행속도 지시, 운행중인 열차의 차상 ATC시스템은 레일로부터 속도명령을 수신, 과속운행 할 경우 자동으로 속도를 감속

※ ATS 장치의 속도제어방식

(1) 15km/h 스위치를 취급하고 운전 할 때에 차임벨이 동작되고 정지신호 이외의 신호기를 통과하면 자동 복귀된다.
(2) 제한속도를 초과하면 경보를 발하며, 3초 이내에 제동변핸들을 67도 이상의 위치에 이동하여야 한다.
(3) R1 또는 R0 구간에 직입하면 즉시 비상제동이 체결되고 경보벨및 표시등이 점등된다.
(4) R0구간 진입 시는 일단정지 후 특수운전스위치(ASOS)를 취급하여 1회에 한하여 45km/h 이하의 속도로 운전 가능하며 속도를 초과하였을 때에는 비상제동이 체결된다.

예제 **다음 중 ATS 장치의 속도제어방식에 관한 설명으로 틀린 것은?**

가. 15km/h 스위치를 취급하고 운전 할 때에 차임벨이 동작되고 정지신호 이외의 신호기를 통과하면 자동 복귀된다.

나. 제한속도를 초과하면 경보를 발하며, 3초 이내에 제동변핸들을 45도 이상의 위치에 이동하여야 한다.

다. R1 또는 R0 구간에 직입하면 즉시 비상제동이 체결되고 경보벨 및 표시등이 점등된다.

라. R0구간 진입 시는 일단정지 후 특수운전스위치(ASOS)를 취급하여 1회에 한하여 45km/h 이하의 속도로 운전 가능하며 속도를 초과하였을 때에는 비상제동이 체결된다.

해설 제한속도를 초과하면 경보(적색등표시 및 경보벨동작)를 발하며, 3초 이내에 제동변핸들을 67도 이상의 위치에 이동하여야 한다.

예제 다음 중 4현시 구간에서 신호기가 감속 또는 진행신호를 현시하였다면 속도조사식 ATS지상자의 공진주파수로 맞는 것은?

가. 98kHz 나. 78kHz
다. 88kHz 라. 118kHz

해설 진행 및 감속의 공진주파수는 98kHz이다.

예제 다음 중 신호현시와 ATS지상자 선택주파수 그리고 속도조사에 관한 설명으로 틀린 것은?

가. Y/Y(경계)현시 때 114kHz, 조사속도 25km/h
나. Y(주의)현시 때 주파수 102kHz, 조사속도 45km/h
다. G(진행)현시 때 주파수 98kHz, 조사속도 FREE
라. R(정지)현시 때(절대정지: R0) 130kHz, 조사속도 0km/h

해설 Y(주의)현시 때 주파수 106kHz 조사속도 45km/h이다.

제2절 열차자동제어장치(ATC: Automatic Train Control)

1. ATC란?

[ATC의 개념]

① 차내신호방식, 연속제어방식
② 레일을 송신안테나로 이용하여 신호기에 대용
③ 지상 ATC신호시스템은 선행 열차의 위치를 파악하여 후속열차에 적정한 운행속도를 지시
④ 운행중인 열차의 차상 ATC 시스템은 레일로부터 속도명령을 수신하며 지시하는 속도보다 과속운행 시 자동으로 지시하는 속도로 감속시킴

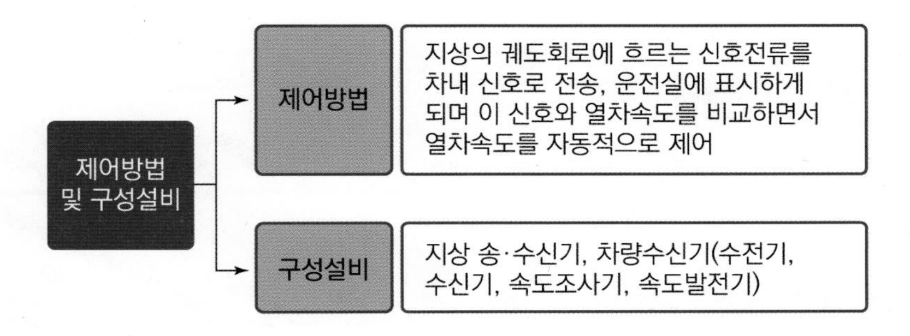

[ATC(자동열차제어장치)의 기능]

– 각 구간의 열차 검지 기능(지상)
– 각 구간의 신호정보(ATC 신호)의 전송기능(지상)
– 신호정보의 수신기능(차상)
– 열차속도와 제한속도 비교 후 속도제한 기능(차상)

[ATC(자동열차제어장치)는 왜 필요한가?]

– 고속주행으로 신호기 인식시간이 짧음
– 신호기 건식밀도가 높아 신호기 오인 우려
– 기관사 판단이 늦을 경우 제동거리가 길어짐
– 신호기 오인시 속도제어 곤란으로 사고위험성 증가
– 기관사 정신적 부담 가중

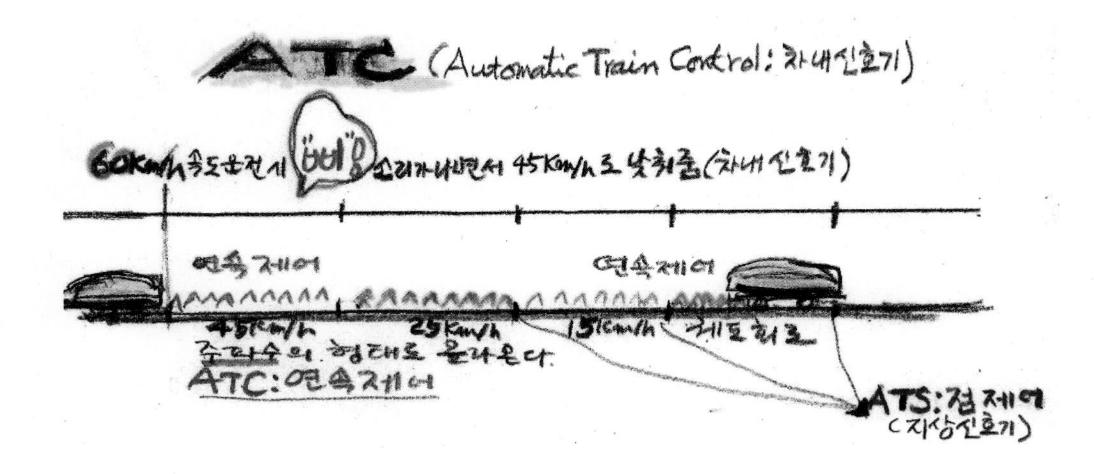

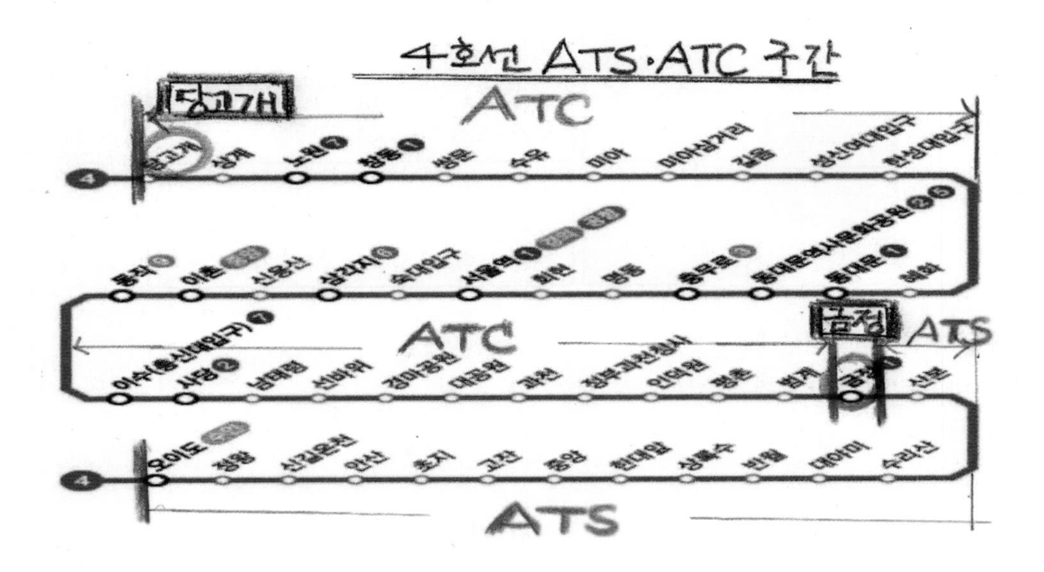

예제 **다음 중 시스템 안전도 비교에 있어 ATC방식에 관한 설명으로 틀린 것은?**

가. 연속제어방식이다.

나. 전방 궤도의 변화에 민감하지 못하다.

다. ATS방식에 비해 높은 안전도를 가지고 있다.

라. 차내신호방식이다.

해설
- ATC는 선행열차의 거리에 따라 민감하게 반응하므로 ATS장치보다는 선로이용률을 더 높일 수 있다.
- ATC는 열차가 달리고 있는 구간에서 시속 몇 km로 달려야 한다는 명령(선행 열차의 위치를 파악, 모든 조건을 감안하여 계산한 속도 명령)을 신호 전류 형식으로 레일을 통해서 혹은 선로에 깔린 별도의 케이블을 통해서 보내 주게 된다.
- 이 신호 전류에 의해 생성된 자력선을 차상의 수신기에서 받아 기관사에게 알려주어 기관사가 적절한 가속, 감속을 할 수 있도록 해준다.
- 동시에 현재의 열차 속도와 비교하여 기관사가 적절한 조치를 취하지 않을 경우 자동적으로 속도를 조절시켜 주는 장치이다.

2. 열차자동제어장치(ATC) 동작원리

[ATC동작방식]

(1) 차내 신호방식을 사용

(2) 선행열차의 위치를 파악하여 후속 열차에 안전한 운행속도와 정지신호등을 지시하여 충돌과 추돌방지

(3) 연속제어방식이므로 선행 열차의 거리에 따라 민감하게 반응하므로 ATC는 연속적으로 속도코드를 받기 때문에 연속제어방식이다.

– 열차A가 25km/h구간에 진입함과 동시에 선행열차B가 출발해서 빠르게 가버린다면 열차A의 속도가 자동으로 45km/h 또는 65km/h로 전환되어 버린다. ATC는 이처럼 ATS보다 민감하게 반응한다(ATS에서는 지상자가 있는 곳에서만 정보를 받을 수 있다).

(4) 조밀하게 열차운행이 가능하다. ATC에서는 선로 이용률을 더 높일 수 있다.

(5) 송신안테나를 이용하여 열차위치를 검지하기 위해 레일을 신호기로 대용한다.

(6) 차상ATC시스템은 레일로부터 속도명령을 수신한다.

(7) ATC에서는 속도명령에 의한 지시속도보다 과속 운행할 경우 자동으로 지시하는 속도로 감속시킨다(ATS 경우 기관사가 4스텝 이상을 취급해 주어야만 감속이 된다).

[과천선과 안산선 신호시스템]

(1) 과천선: ATC방식

(2) 안산선: ATS방식

[ATC/ATS절환구간]

(1) 금정역(상하선)

(2) ATS종착역(산본, 안산, 오이도)

(3) ATC종착역(당고개 및 회차역)

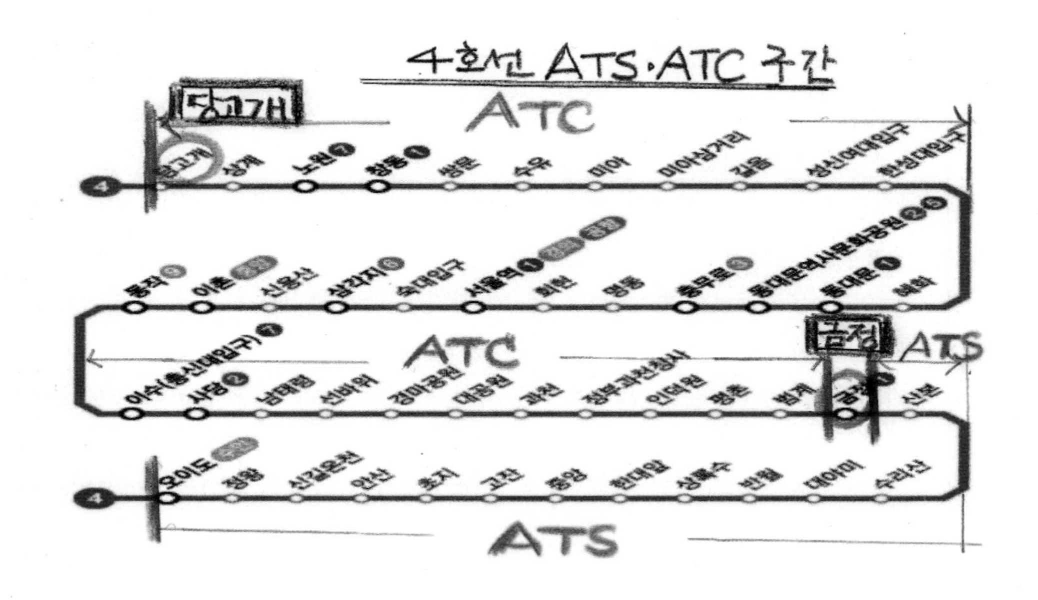
4호선 ATS·ATC 구간
당고개
ATC
당고개
상계
노원
창동
쌍문
수유
미아
미아삼거리
길음
성신여대입구
한성대입구
혜화
동대문
동대문역사문화공원
충무로
명동
회현
서울역
숙대입구
삼각지
신용산
이촌
동작
금정
ATC
ATS
이수(총신대입구)
사당
남태령
선바위
경마공원
대공원
과천
정부과천청사
인덕원
평촌
범계
금정
산본
오이도
정왕
신길온천
안산
초지
고잔
중앙
한대앞
상록수
반월
대야미
수리산
ATS

정보전송형태
ATC
지상자로부터의 정보전송
ATC
Antenna
궤도 회로로부터의 정보전송
ATC
Pick-up coil
무선 정보전송
ATC

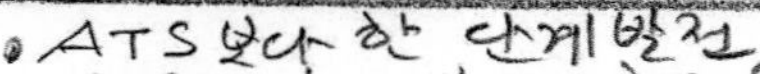

제3절 자동열차운전장치(ATO: Automatic Train Operation)

1) ATO는 전동차의 자동운전을 가능하게 한다.
2) 무인운전이 가능한 운전보완 방식이다.
3) ATO에 의해 전동차의 동력운전제동 출입문 개폐, 객실방송 등의 기능들이 승무원 없이 가능하다.

→ 최근에는 전국의 도시철도에 ATO가 널리 장착되는 추세에 있다.

[ATO란 무엇인가?]

- ATC(열차자동제어장치)에 자동운전 기능을 부가하여 열차가 정차장을 발차하여 다음 정차장에 정차할 때까지 가속, 감속 및 정차장에 도착 시 정위치 정차 등을 자동적으로 수행하는 시스템
- 운전의 대부분이 자동화되어 보안도 향상
- 정확한 운전시간의 유지
- 수송효율의 증대, 동력비 경감
- 무인운전 가능

[ATO의 기능]

① 차상장치와 신호제어장치 간에 상호작용하여 ATC 운전을 보조하기 위한 수단
② 자동속도제어기능과 역간 자동 주행기능, 출입문제어기능, 자동출발기능, 정위치 정차기능
③ 차상 ATO장치는 ATC속도제한 명령에 종속된 열차운행을 하며, 열차자동방호, 역 승강장 정밀정차, 열차운행제어 등 기능수행
④ 역과 역 사이의 역간정보를 열차 내의 컴퓨터에 기억시키고 지상의 TWC장치로부터 역 정보수신
⑤ 역과 역사이에 설치된 4개의 PSM을 지나며 승강장에 정차, 출입문 열림, 출발

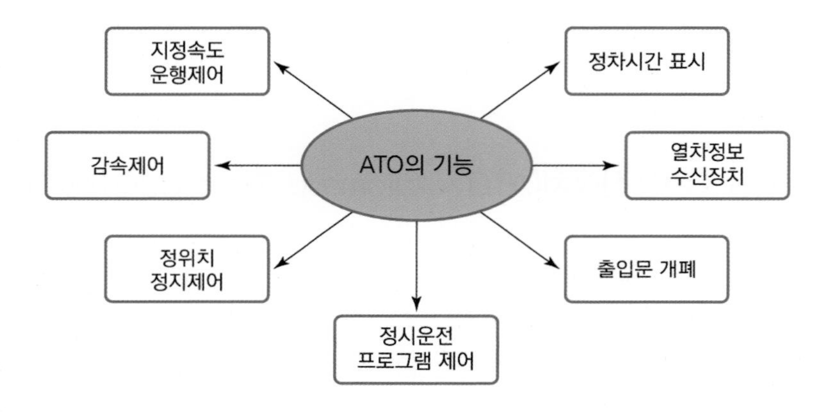

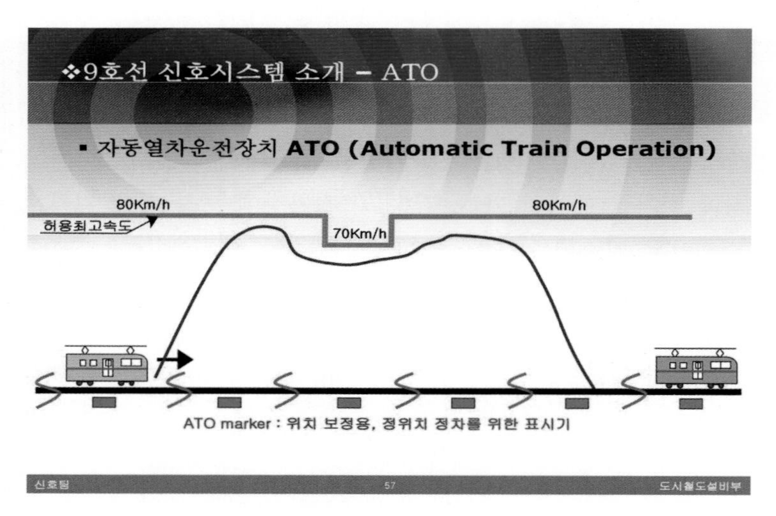

[ATO의 부문별 장치 기능]

① ATO GENISYS
- 신호기계실에 설치
- 열차의 자동운전 보조장치
- 출입문 개폐, 운전실선택, 정차표시등 제어
- AF궤도회로, 전원장치 등 이상유무를 LCTC컴퓨터로 정보 전송

② PSM(Precision Stop Marker)
- 열차의 정위치 정차를 돕기 위하여 열차의 정차지점을 알려 줌

	거리[M] (정위치정차 기준점에서)	공진주파수[㎑]
PSM1	546.0	110
PSM2	108.5	100
PSM3	21.0	92
PSM4	3.5	170
PSM5	가변	140(5호선120)
PSM6	21.0	130

③ TWC 장치(Train to Wayside Communication)
- 운행에 따른 차량과 지상의 공간적 정보처리를 위한 TWC장치인 모뎀 전송장치
- 상호 안테나를 통하여 통신으로 열차 내 컴퓨터와 관제실 컴퓨터와 Data통신으로 관련정보 자동처리
- 관제에서 차량으로 전송: 열차번호, 다음역, 현재역, 종착역, 다음역 출입문 방향, 운전제어 등
- 차량에서 관제로 전송: 열차번호, 편성번호, 열차상태, 열차길이, TWC고장정보, 출입문 닫힘 등

예제 **다음 중 현재 도시철도에서 주로 사용되고 있는 열차간격제어설비(신호보안장치)가 아닌 것은?**

가. ATP　　나. ATO

다. ATC　　**라. MBS**

해설 현재 도시철도에서는 ATS, ATC, ATO, ATP 신호시스템을 채택하고 있다.

※ ATP: ATC와 유사한 방식으로 작동하는데, 앞차와의 거리, 선로상태 정보 등을 수신받아 컴퓨터가 제동곡선을 자동으로 가장 적합한 운행속도를 제공하며 기관사가 안전하게 열차를 운행할 수 있도록 해준다.

예제 **다음 중 열차간격제어설비로 적합하지 않는 것은?**

가. 열차자동운전장치(ATO)
나. 열차자동정지장치(ATS)
다. 열차집중제어장치(CTC)
라. 열차자동제어장치(ATC)

해설 열차집중제어장치(CTC): 각 역에서 하던 진로 및 신호제어를 한 곳에서 집중적으로 제어할 수 있는 장치이다.

예제 **다음 중 열차자동운전장치(ATO)에서 열차의 정위치 정차를 돕기 위하여 열차의 정차 지점을 알려주는 장치는?**

가. LCTC
나. TWC
다. ATO GENISYS
라. PSM

해설 PSM은 열차의 정위치 정차를 돕기 위하여 열차의 정차지점을 알려준다.

예제 **다음 중 열차자동운전장치의 ATO GENISYS에 관한 설명으로 틀린 것은?**

가. 출입문 개폐, 운전실 선택, 정차표시등을 제어한다.
나. 열차자동운전이 가능하게 보조해 주는 장치이다.
다. 열차의 자동출발 및 주행, 자동정지, 자동정위치정지, 출입문 자동개폐를 하는 것은 자동열차제어장치(ATC)이다.
라. 열차의 유무를 검지하기 위한 장치이다.

해설 열차자동운전장치(ATO)는 자동속도 제어기능과 역간 자동주행기능, 출입문제어기능, 자동출발기능, 정위치 정차기능 등을 구비한 장치이다.

예제 **다음 중 열차자동운전장치(ATO)에서 PSM4는 정위치정지 기준점에서 몇 [m] 전방에 설치하는가?**

가. 21
나. 108.5
다. 546
라. 3.5

해설 PSM4는 정위치정지 기준점에서 3.5m 전방에 설치한다.

예제 다음 중 열차자동운전장치(ATO)의 관제(사령)에서 차량으로 전송되는 정보가 아닌 것은?

가. 무인운전 요구　　　　나. 현재역 TWC 번호

다. 고정속도　　　　　　라. 열차번호

해설 **관제에서 차량으로 전송되는 정보**

열차번호, 다음역, 다음역 TWC번호, 현재역, 현재역 TWC번호, 종착역, 고정속도, 다음역 출입문 방향, 운전제어, 기관사인지, 출발예고, 회차열차, 무인운전허가 등의 정보

[학습코너] 열차자동운전장치(ATO(Automatic Train Operation)

ATO는 어떤 신호시스템인가? (ATC Family)

(1) ATO는 ATC을 기반으로 하는 기능이지만, ATO는 ATC보다 좀 더 폭넓은 부분까지 자동화되어 있는 신호시스템이다.

(2) TWC(Train Wayside Communication)에서 열차의 운전조건을 차상으로 전송한다.

(3) 자동속도제어 기능, 역간 자동주행기능, 출입문 제어기능, 자동출발기능, 정위치정차기능 등을 컴퓨터에 의해 자동화하여 → 열차운행의 효율 증대 및 에너지 절감, 승차감 개선으로 서비스향상에 기여한다.

ATO기능

① 자동속도 제어 기능

② 역간 자동주행 기능

③ 출입문제어 기능

④ 자동출발 기능

⑤ 정위치 정차 기능

[지상 자동열차운전장치 ATO(5-8호선 신호시스템)(Wayside Automatic Train Operation)]

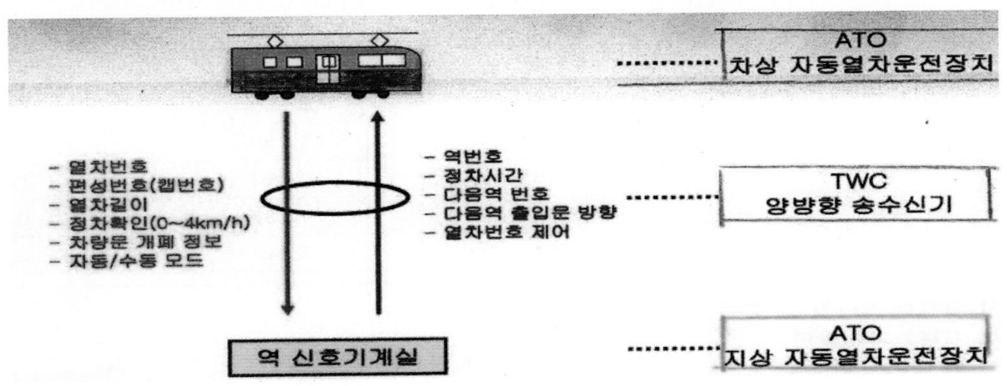

[자동적으로 운행패턴을 조절(9호선 ATO)]

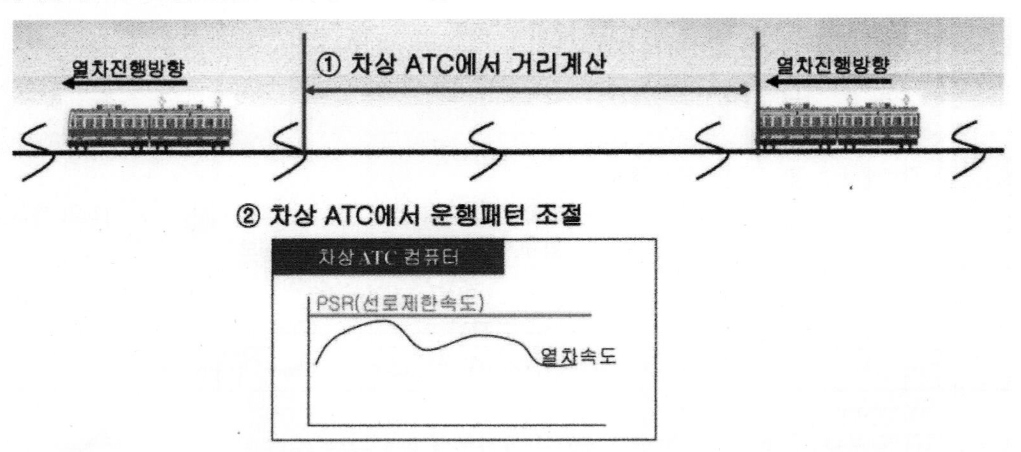

[5~8호선 신호시스템 [ATO, ATP] 소개]

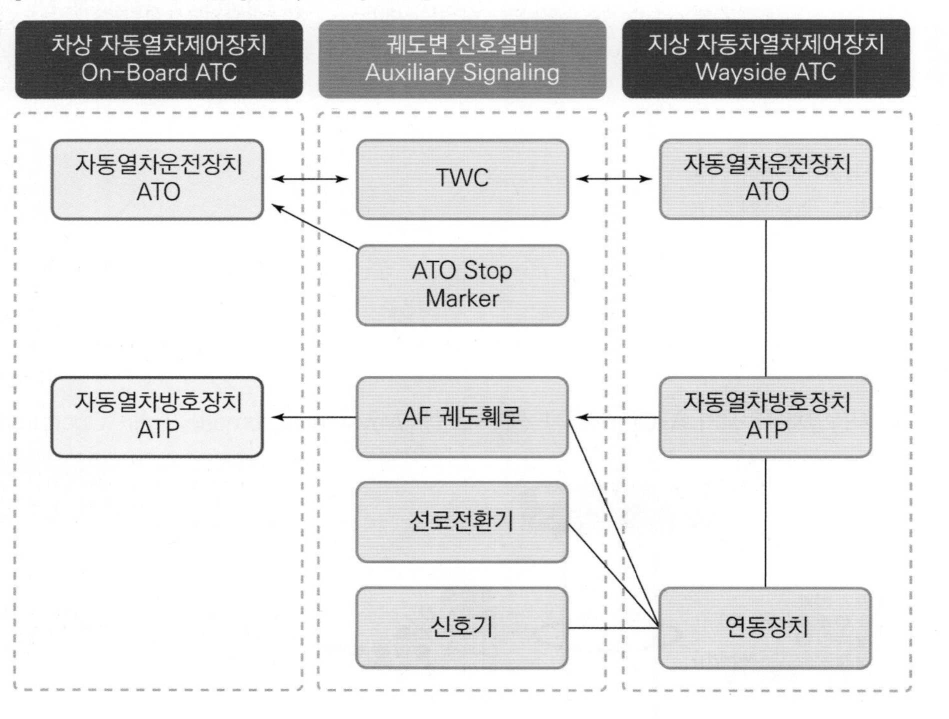

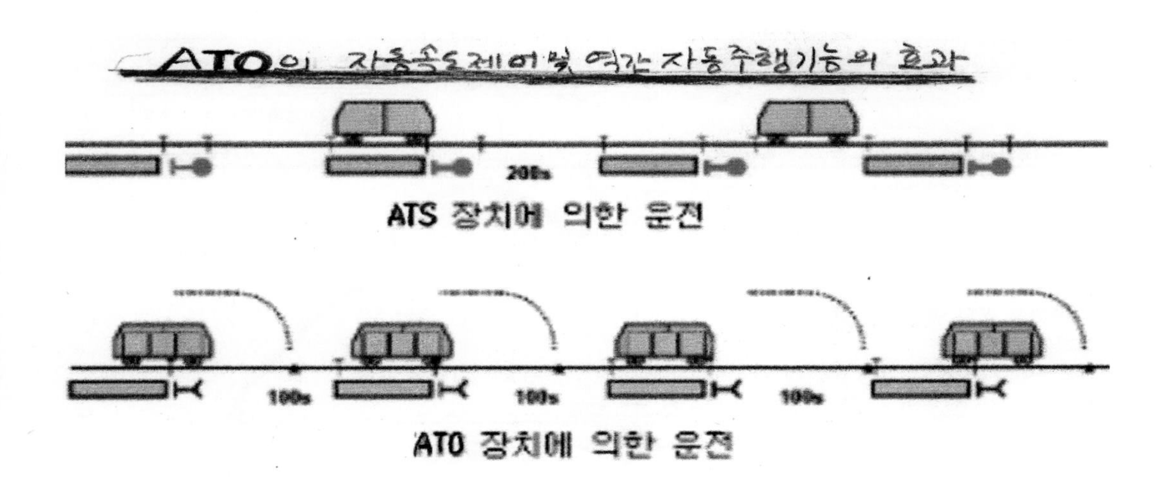

1. 정위치 정차마커(PSM: Precision Speed Marker)

[정위치 정차마커에 의한 정위치 정지제어]

- 열차가 역과 역 사이에 설치된 4개의 PSM(precision speed marker: 정위치정차마커)을 지나며 정확하게 승강강에 정차(ATO는 차륜경(바퀴둘레)의 회전수로서 몇 미터 이동하여 현재 위치에 있는지 알고 있다)할 수 있도록 도와주는 장치이다.
- 만약 선로의 특정지점이 미끄러워서 한번 차륜이 회전했다면(SLIP발생) 현재 위치에 오류가 발생할 수 있게 된다. 현재 위치의 오류 가능성을 피하기 위해 PSM을 통해 재보정해주어야 한다.
- 4개의 PSM을 따라 승강장에 정확하게 정차하게 된다.
- 기관사는 열차정차정보를 수신 후 출입문 열림 명령을 지시("아! A역에 정위치정차를 했으니까 출입문 열림 명령을 지시를 해야 하겠구나!")하게 된다.
- 기관사는 승객하차 후 출입문 열림 명령을 소거하고 속도 명령을 지시하게 된다(다음 역으로 출발!!).

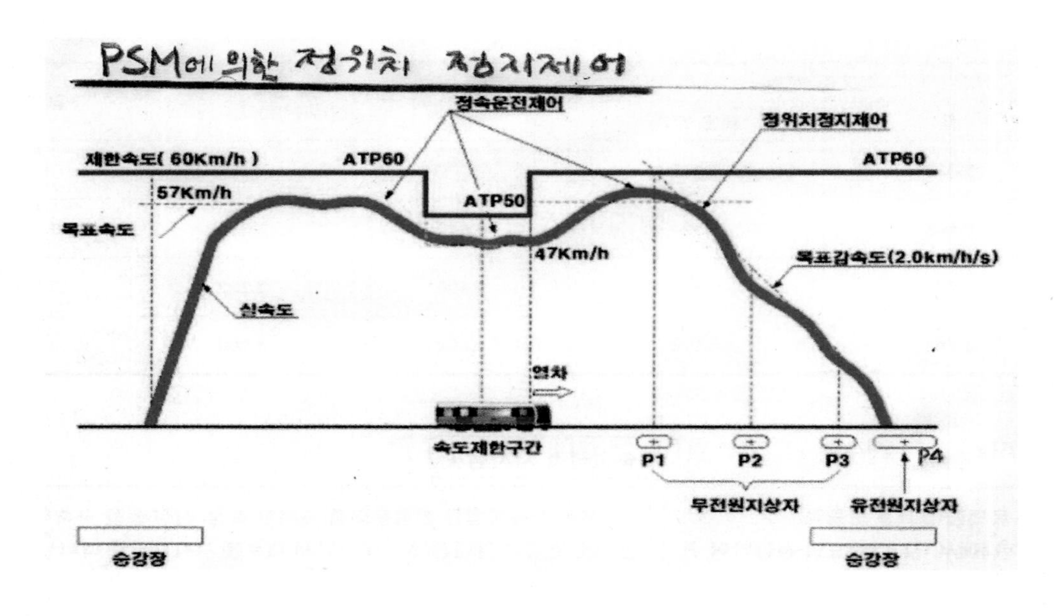

[TWC 지상장치(Train Wayside Communication On-board Equipment)]

- 열차운행에 필요한 제어정보 및 상태정보의 효율적인 송수신 기능을 담당하는 차상 ↔ 지상 간 통신장치
- TWC장치는 열차정보를 지상 신호시스템을 통하여 종합관제실(TCC)설비로 전송하여 열차운행을 위한 정보를 제공하는 설비
- 전송되는 열차내부정보로는 열차번호, 편성번호, 행선지, 열차고장 정보 등이 있으며 무선으로 전송

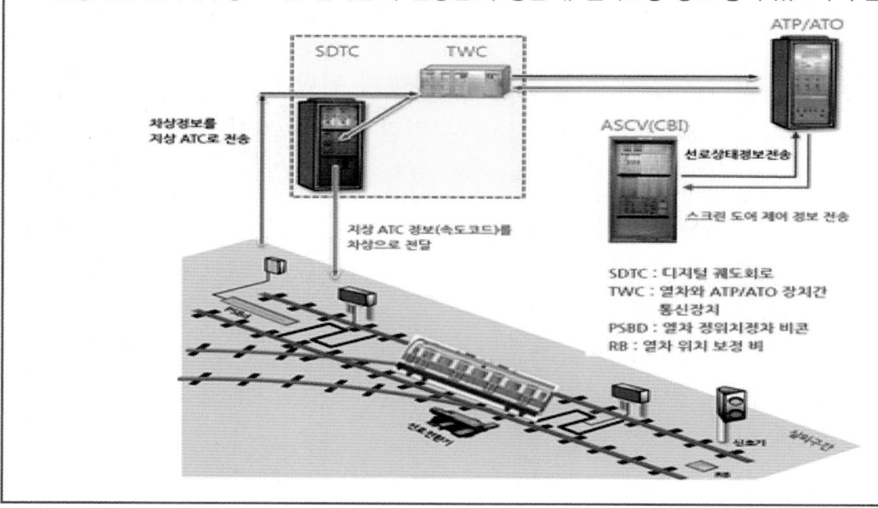

[철도 신호시스템 비교]

구분	한국철도공사	서울교통공사			
	과천, 분당, 일산선	1호선	2호선	3,4호선	5,6,7,8호선
신호방식	차상	지상	차상	차상	차상
제어방식	ATC	ATS	ATP/ATO	ATC	ATC/ATO
궤도회로 방식	유,무절연	절연	무절연	무절연	무절연
궤도회로 종류	AF	PF	AF	AF, PF	AF, PF
연동장치	전자/계전	계전	전자	계전	전자
정 위치 정차	수동	수동	자동	수동	자동
출입문 개폐	수동	수동	자동	수동	자동
차상속도 제어	자동감속	수동	자동 가감속	자동감속	자동감속, 가속
무인운전	불가	불가	가능	불가	가능

[ATS, ATC, ATO 비교]

구분	ATS(Automatic Train Stop)	ATC(Automatic Train control)	ATO(Automatic Train Operation)
용어 설명	열차가 지상신호기의 지시속도를 초과 또는 무시하고 운행할 경우 자동으로 정지 또는 수동으로 감속하는 장치	궤도에서 열차의 운전 조건을 연속적으로 차상으로 전송하여 허용속도 초과 시 자동으로 열차속도를 제어하는 장치	자동 및 무인운전이 가능한 방식으로 차량 견인, 제동, 출입문 개폐, 객실방송의 시스템에 의한 자동 제어
설치 구간	국철 전 선구 (100%)	과천, 분단, 일산선, 경부고속철도 신선, 서울교통 3,4호선	도시철도공사 광역시 지하철

2. Fail Safe 원칙

"실패를 했을 경우에 안전할 수 있도록 신호제어설비를 구축해야 한다."

[신호제어 설비]

– 신호제어설비가 잘못 작동될 때 충돌, 탈선과 같은 엄청난 사고로 이어질 수 있다.

– 따라서 대형사고는 막을 수 있게끔 반드시 안전 측으로 동작할 수 있게 조치해야 한다.
– 신호제어설비의 사명은 철도수송의 안전, 정확, 신속의 목적을 달성성할 수 있어야 한다.
– 악성의 고장때문에 열차의 충돌, 차량의 탈선 등으로 이어질 수 있다.
– 따라서 고장이 생기거나 취급이 잘못되었을 경우에도 악성의 고장이 되지 않는 한 안전 측으로 동작하는 것을 원칙으로 하고 있다.
– 이를 "Fail Safe 원칙"이라고 부른다.

[원칙]

1) 신호설비 사고 또는 고장이 발생하는 경우 안전측으로 동작하도록 시설
2) 신호설비에 사용하는 계전기회로 및 쇄정전자식회로는 무여자할 때(전기장치의 공급이 끊겼을 때에도) 쇄정하는(잠겨 있어야) 방식으로 하는 것이 원칙

예제 **다음 중 신호제어의 사명과 Fail Safe의 원칙에 관한 설명으로 틀린 것은?**

가. 계전기회로는 여자 시 기기를 쇄정하는 방식이다.
나. 고장이나 오취급시에도 안전측으로 동작하는 것을 원칙으로 한다.
다. 신호제어설비는 고장이 적어야 하며 높은 신뢰도를 필요로 한다.
라. 신호제어설비의 사명은 신속, 정확, 안전의 목적을 달성하기 위한 것이다.

해설 계전기회로는 무여자시 기기를 쇄정하는 방식이다.

3. 시스템 안전도 비교

1) ATS

① 점제어방식이므로 기관사는 운전 중 지상신호기의 현시를 확인해야 한다(ATS는 지상자를 통과할 때만 지상의 정보를 받을 수 있다. 그 것을 점제어라고 한다).
② 지시하는 신호에 의하여 운전을 해야 하므로 기관사의 숙련도가 중요하다(자칫 잘못하여 신호기를 보지 못하여 해당 신호기 내방으로 들어가게 되면 추돌사고 등의 위험이 있다. 물론 ATS는 그 경우에도 자동으로 열차를 정지시킬 수 있는 능력이

있기도 하지만 기관사의 숙련도도 중요한 변수가 된다).

③ 전방 궤도의 변화에 민감하지 못하다.

－ATC에서는 25km/h열차속도지시를 받고 있다가 전방의 열차가 빠르게 떠나버리면 해당 열차에 45km/h속도를 지시하여 운전하도록 명령해 준다.

－그러나 ATS에서는 한번 25km/h 열차속도지시를 받았다면 다음 궤도회로에 도달해서 비로소 45km/h속도 지시를 받을 수 있게 된다.

2) ATC

－차내 신호방식으로 45km/h 이상의 속도로 차량이 과속운전 시 ATC는 감지가 가능하다.

(ATS에서는 45km/h 속도까지만 감지를 할 수 있다.)

(만약 제한속도가 65km/h인데 기관사가 70km/h로 달리면 그것은 ATS가 제어하지 못한다. 그러나 ATC는 65km/h 이상의 속도도 감지할 수 있다.)

－과속 경보 후 3초 이내에 반응하여 속도 이하로 감속되면 제동이 해제된다.

신호제어설비의 분류

[신호제어설비의 구분]

① 열차진로제어설비

② 열차간격제어설비

[신호기 장치의 구분(종류)]

① 신호기장치

② 선로전환장치

③ 궤도회로장치

④ 폐색장치

⑤ 연동장치

⑥ 열차자동정지장치(ATS)

⑦ 열차자동제어장치(ATC)

⑧ 열차자동운전장치(ATO)

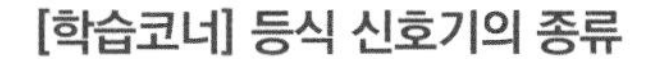

[학습코너] 등식 신호기의 종류

- 열차의 진출 가부를 형, 색으로 표시

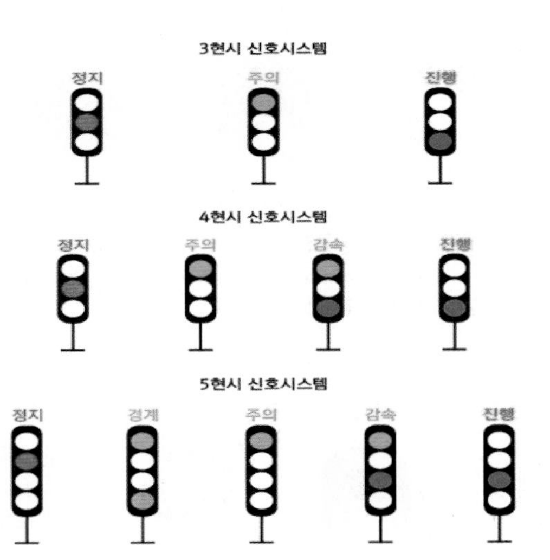

- 열차 운행횟수가 많은 구간에 '5등식 신호기'가 활용된다. 열차는 운행 환경에 따라 여러 상황들이 발생하게 된다. 운행 중 고장이 날 수도 있고, 승객이 많이 타고 내려 정차 시간이 지연될 수도 있다.
- 이럴 경우 '정지', 출발' 신호만으로는 사고에 대비할 수 없기 때문에 정지 – 경계 – 주의 – 감속 – 진행의 신호가 존재하고 제한 속도가 있다.
- 열차 운행 간격에 따라 '4등식 신호기', '3등식 신호기'로 제한속도가 다르다.

[3가지 색등식 신호기]

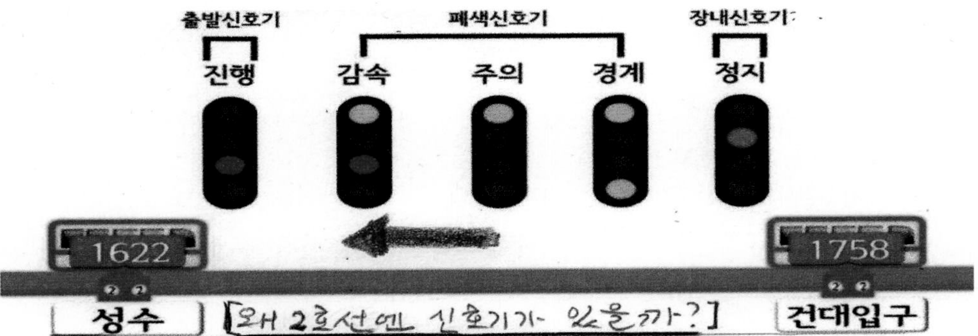

요즘에는 모든 도시철도가 ATC신호방식으로 운영된다. 그러나 아직도 1,2,4호선에서는 차내신호기(ATC)가 아닌 지상신호기(ATS)에 의존하기 때문이다.

[4현시 지상 구간 방식]

4현시는 주로 출발신호기나 1호선, 2호선 도심구간 완행노선에 사용된다.

[5현시 지상 방식]

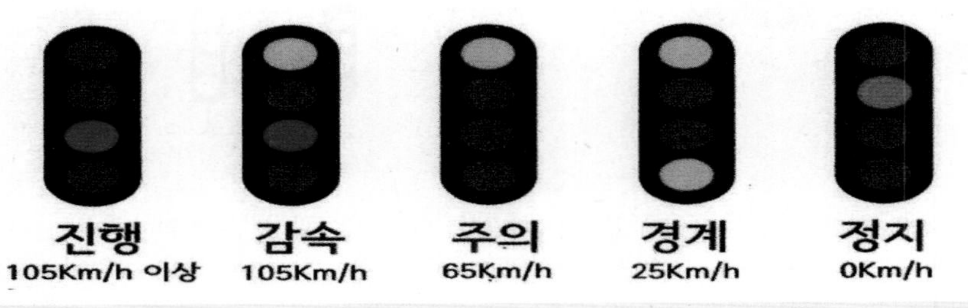

5현시 방식은 주로 광역전철, 경부선, 일반철도 경부1선(급행선): 녹색등, 경부2선(완행선): 청색

예제 3현시 신호기가 현시할 수 없는 신호는?

가. 정지
나. 주의
다. 감속
라. 진행

해설 3현시: 진행, 주의, 정지
따라서 3현시 신호기는 감속을 현시하지 못한다.

제1절 신호기 장치

열차의 진행 가부를 색이나 형으로 표시하여 주는 설비이다.

1. 기관사에게 열차의 운행 조건을 제시하는 신호
2. 종사원의 의지를 표시하는 전호
3. 장소의 상태를 표시하는 표지

[신호기 장치]

구분	형에 의한 것	색에 의한 것	형과 색에 의한 것	음에 의한 것
신호	진로표시기	색등식 신호기	완목식 신호기 입환 신호기	발뇌신호
전호	제동시험전호	이동금지 전호 추진운전 전호	입환전호	기적신호
표지	차막이 표지	서행허용 표지	선로전환기표지 입환표지	

※ 발뇌신호: 열차를 긴급히 정지시킬 필요가 있을 경우에 발광신호나 폭음신호를 현시하는 신호기 장치

1. 신호

[상치신호기]

신호

운전조건을 제시해 주는 수단

[상치신호기](늘 세워져 있는 신호기)

지상의 고정된 장소에 설치되어 신호를 현시하는 신호기로서 아래 3가지로 분류된다.

① 주신호기
② 종속신호기
③ 신호부속기

[임시신호기] 필요에 따라 임시적으로 설치하는 신호기

(1) 상치신호기
(늘 세워져 있는 신호기)
① 주신호기
② 종속신호기
③ 신호부속기

장
출
엄
폐
유
입

예제 **다음 중 상치신호기의 분류에 해당하는 것은?**

가. 주신호기, 종속신호기

나. 주신호기, 임시신호기, 특수신호기

다. 주신호기, 임시신호기, 신호부속기

라. 주신호기, 종속신호기, 신호부속기

해설 상치신호기는 주신호기, 종속신호기, 신호부속기로 구성된다.

예제 **다음 중 상치신호기의 신호현시 확인거리로 틀린 것은?**

가. 유도신호기 100(m) 이상

나. 중계신호기 200(m) 이상

다. 주신호용 진로표시기 100(m) 이상

라. 폐색신호기 600(m) 이상

해설 진로표시기 200(m) 이상

1) 신호기의 기능별 분류

[기능별 분류]

주신호기	장내신호기	정거장 진입가부 지시
	출발신호기	정거정에서 그 신호기 안쪽으로 진출가부 지시
	폐색신호기	폐색구간의 진입가부 지시
	유도신호기	주체 장내신호기가 정지현시 하더라도 유도 받는 열차에 대해 신호기 내방으로의 진입가부 지시
	엄호신호기	방호필요지점에서 열차에 신호기 안쪽으로 진입가부 지시
	입환신호기	입환차량에 대해 신호기 안쪽으로 진입가부 지시
종속신호기	원방신호기	비자동구간의 장내에 종속, 주체신호기의 현시를 예고
	통과신호기	출발신호기에 종속, 정거장의 통과여부를 예고
	중계신호기	장내·출발·폐색신호기에 종속, 주체신호기의 현시 중계
신호부속기	진로표시기	진로개통 방향 지시

예제 **다음 중 신호에 관한 설명으로 틀린 것은?**

가. 신호부속기에는 진로표시기가 있다.

나. 상치신호기는 주신호기, 종속신호기, 신호부속기로 분류한다.

다. 신호는 운전조건을 지시하는 것으로 상치신호기와 임시신호기로 분류한다.

라. 주신호기에는 장내, 출발, 폐색, 유도, 엄호, 중계신호기가 있다.

해설 주신호기에는 장내, 출발, 폐색, 유도, 엄호, 입환신호기가 있다(장출엄폐유입).

(1) 주신호기(Main Signal)

일정한 방호구역을 가진 신호기로서 다음과 같은 종류

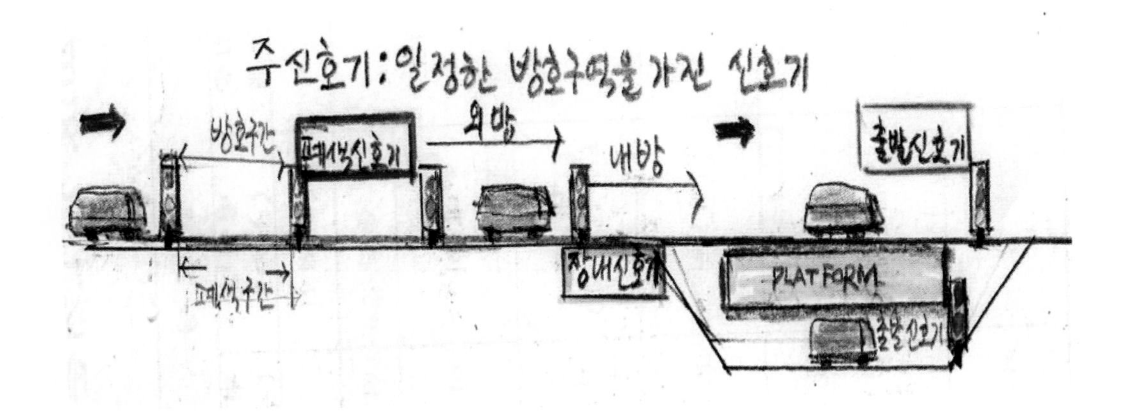

① 장내신호기(Home Signal)

정거장에 진입할 열차에 대하여 그 신호기 내방으로의 진입가부를 지시하는 신호기이다.

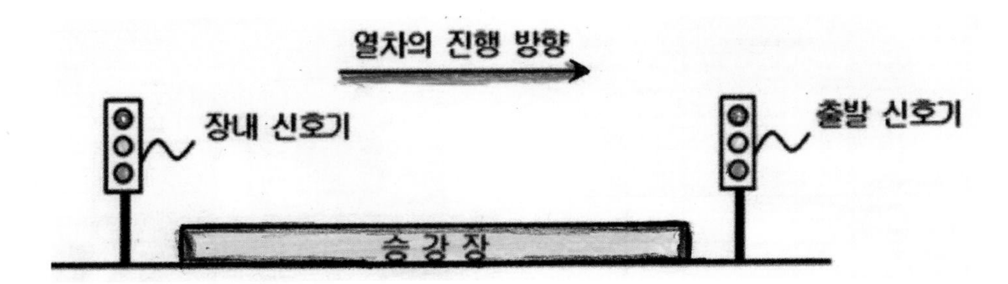

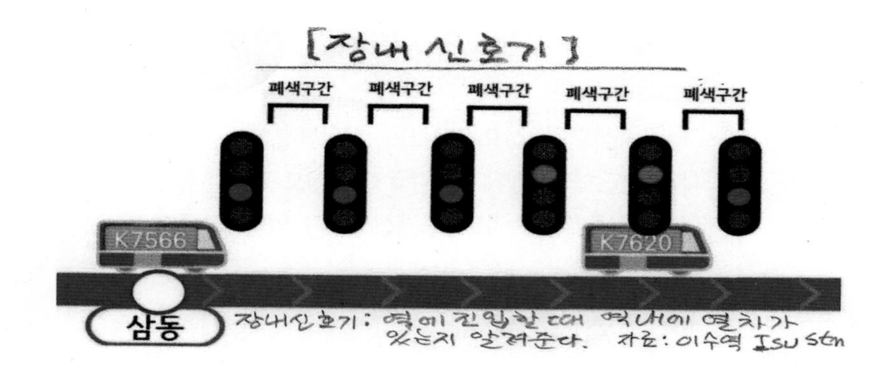

예제 **정류장에 진입하려는 열차에 대하여 신호현시하는 신호기는?**

가. 장내신호기　　나. 출발신호기

다. 폐색신호기　　라. 유도신호기

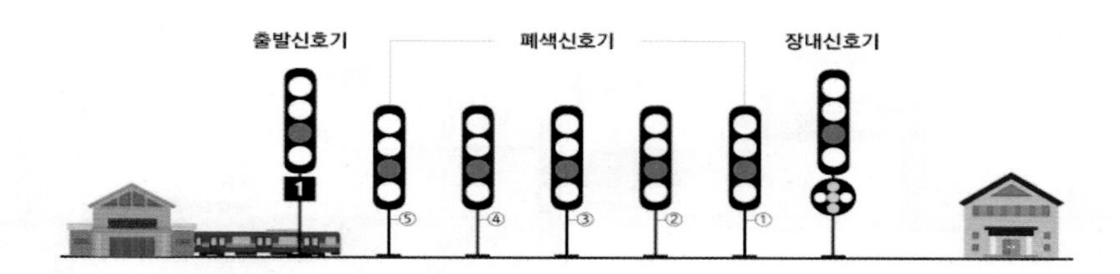

② 출발신호기(Starting Signal)

정거장에서 출발하는 열차에 대하여 그 신호기 안쪽으로의 진출 가부를 지시하는 신호기

③ 폐색신호기(Block Signal)

폐색구간에 진입할 열차에 대하여 패색구간의 진입가부(여부)를 지시하는 신호기

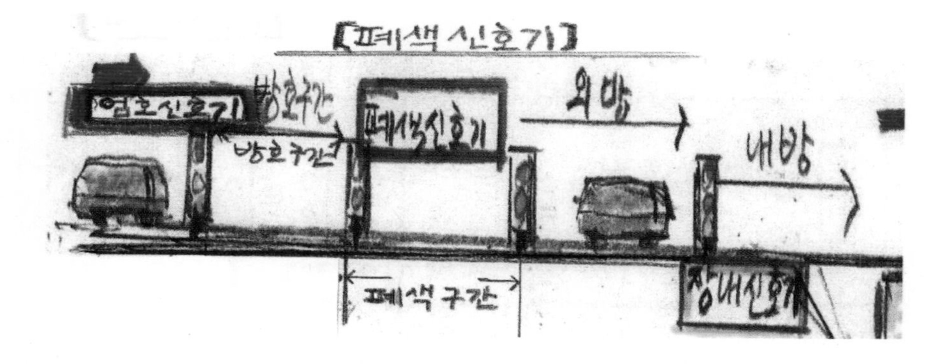

④ 유도신호기(Caller Signal)

주체의 장내신호기가 정지신호를 현시함에도 불구하고 유도를 받을 열차에 대하여 신호기 내방으로 진입할 것을 지시하는 신호기(장내신호기가 정지신호임에도 유도신호기에 45도로 백색등이 들어 온다고 하면 "서행의 속도로 들어가도 좋다")

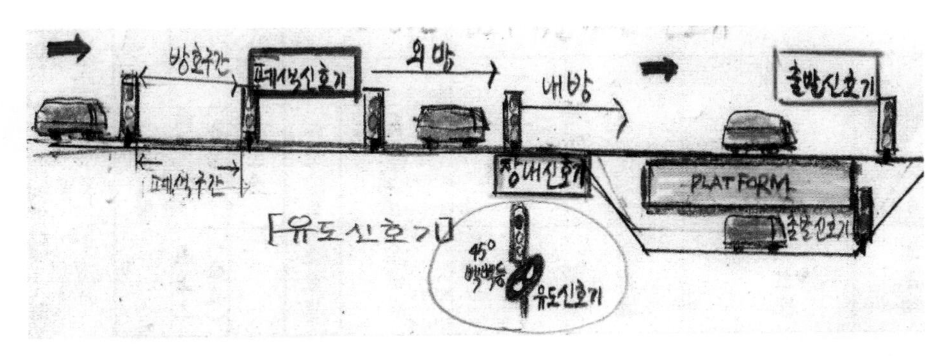

예제 **다음 중 평상 시 소등되어 있는 신호기는?**

가. 입환신호기
나. 유도신호기
다. 엄호신호기
라. 원방신호기

해설 평상시 소등되어 있는 신호기는 유도신호기이다.

예제 **다음 중 상치신호기의 기능별 분류에서 기능이 다른 신호기는?**

가. 유도신호기 나. 통과신호기
다. 원방신호기 라. 중계신호기

해설 유도신호기는 주신호기에 해당한다. 나머지는 종속신호기이다.

예제 **다음 중 유도신호기 신호현시 확인거리로 맞는 것은?**

가. 100m 이상 나. 150m 이상
다. 300m 이상 라. 200m 이상

해설 유도신호기 신호현시 확인거리 100m 이상이다.

⑤ 엄호신호기(Protecting Signal)

- 특별히 방호를 요하는 지점을 통고할 열차에 대하여 신호기 안쪽으로의 진입가부를 지시하는 신호기
- 선행열차가 없음에도 불구하고, 특별히 방호를 요하는 지점이 있다면 신호기 안쪽으로의 진입가부를 지시해주는 신호기가 엄호신호기이다.

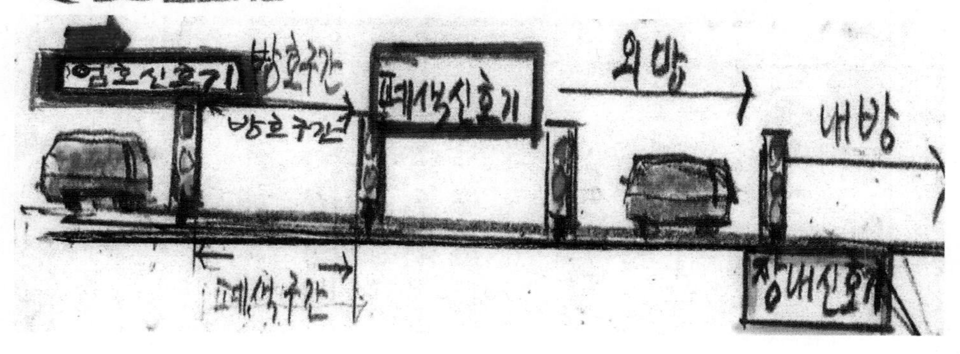

예제 **다음 중 특별히 방호를 요하는 지점을 통과하는 열차에 대하여 신호기 내방으로의 진입 가부를 지시하는 신호기는?**

가. 통과신호기　　　　나. 장내신호기

다. 유도신호기　　　　**라. 엄호신호기**

해설 방호를 요하는 지점을 통과 시 신호기 내방으로의 진입가부를 지시하는 신호기는 엄호신호기이다.

⑥ 입환신호기(Shunting Signal)

입환차량에 대하여 신호기 안쪽으로의 진입가부를 지시하는 신호기

(2) 종속신호기(Subsidiary Signal)

주신호기의 인식거리를 보충하기 위하여 외방에 설치하는 신호기

① 원방 신호기(Distance Signal)

– 주로 비 자동구간의 장내에 종속하며 주체신호기의 현시를 예고하는 신호기

– 비자동구간: 자동폐색방식이 시행되지 않은 구간

• 장내 '진행' – 원방 '진행'

• 장내 '정지' – 원방 '주의'

– 중계신호기는 자동구간에서 주체신호기나 중계신호기가 모두 같다.

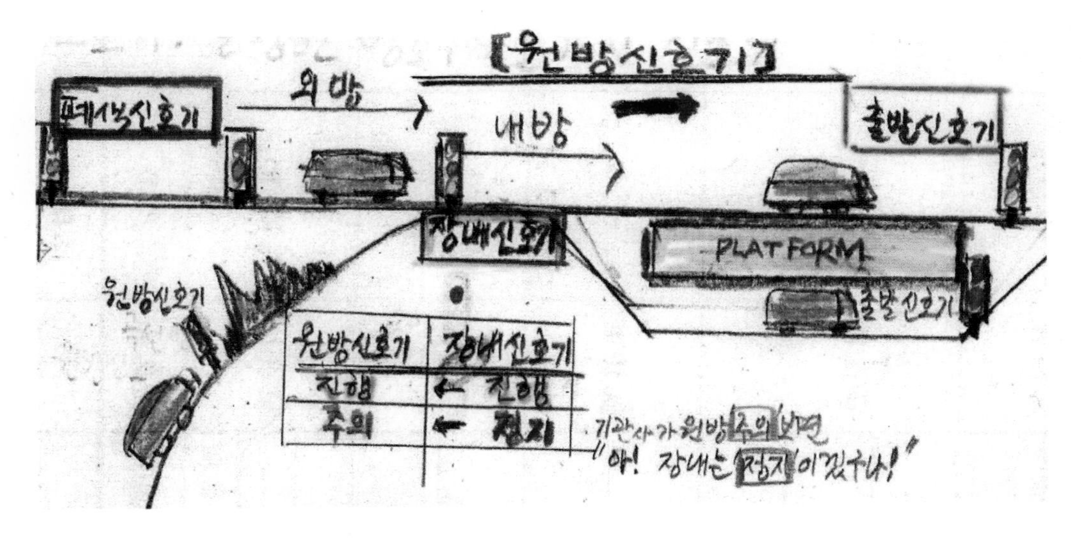

예제 **다음 중 주로 비자동구간의 장내신호기에 종속되며 주체신호기의 현시를 예고하는 신호기는?**

가. 중계신호기　　나. 유도신호기
다. 엄호신호기　　**라. 원방신호기**

해설 원방신호기: 주로 비자동구간의 장내신호기에 종속되며 주체신호기의 현시를 예고하는 신호기이다.

예제 **다음 괄호 안에 적합한 용어는?**

> 원방신호기는 비자동구간의 장내에 종속하며 장내가 진행신호이면 원방은 (　　), 장내가 정지신호이면 원방은 (　　)가(이) 각각 현시된다.

가. 주의, 정지　　**나. 진행, 주의**
다. 진행, 주의　　라. 정지, 진행

해설 장내가 진행신호이면 원방은 진행, 장내가 정지신호이면 원방은 주의신호가 각각 현시된다.

예제 **다음 중 주신호기의 확인거리를 보충하기 위하여 설치하는 신호기는?**

가. 임시신호기　　나. 종속신호기
다. 신호부속기　　**라. 원방신호기**

해설 원방신호기는 200m 이상 주신호기의 확인거리를 확보할 수 있어야 한다.

예제 **다음 중 주신호기에 해당하지 않는 것은?**

가. 폐색신호기　　나. 유도신호기
다. 원방신호기　　라. 엄호신호기

해설 원방신호기는 종속신호기에 해당한다.

② 통과신호기(Passing Signal)

출발신호기에 종속되어 있으며 주로 장내신호기의 하위에 설치하는 신호기로서 정거장의 통과여부를 예고하는 신호기

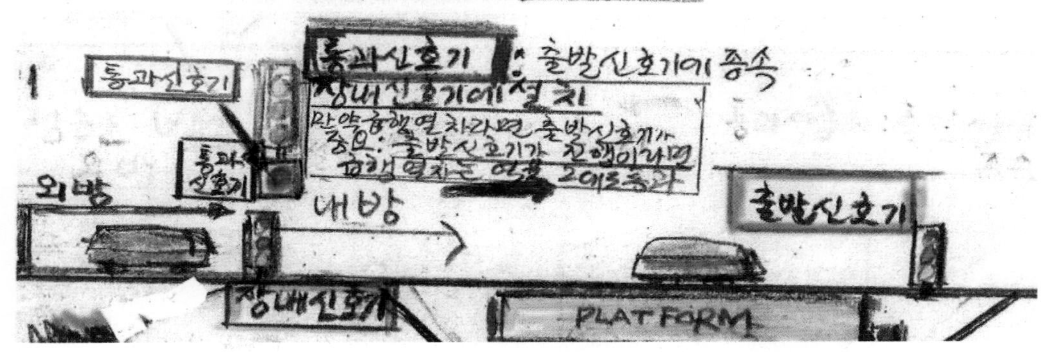

③ 중계신호기(Repeating Signal)

주로 자동구간의 장내, 출발, 폐색신호기(잘 안 보일 때)에 종속하며 주체신호기의 신호등을 중계하기 위하여 설치하는 신호기

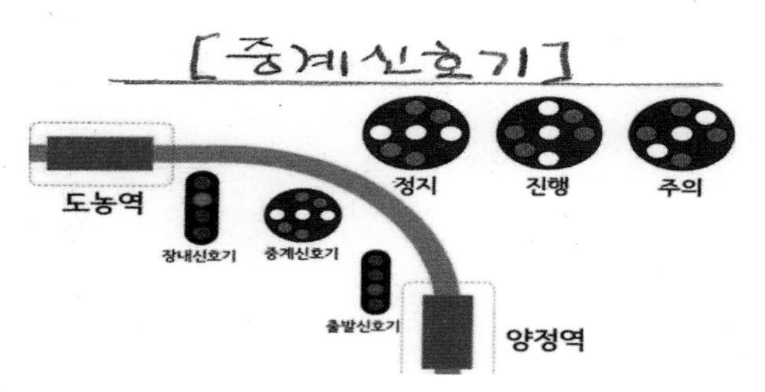

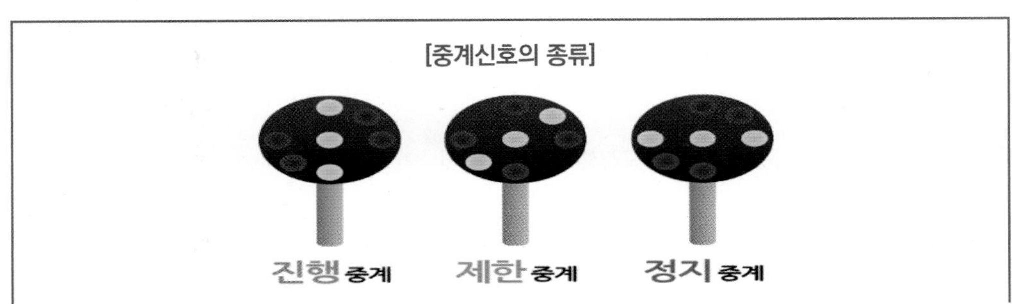

① 진행중계: 주체 신호기에 진행신호 현시한 것을 중계해 현시지점을 지나 진행할 수 있다.
② 제한중계: 주체의 신호기가 감속신호, 주의신호 또는 경계신호를 현시하고 있음을 중계하므로 기관사는 이것을 예측하고 그 현시점을 지나서 운전속도를 낮추어 주의운전으로 진행할 수 있다.
③ 정지중계: 주체의 신호기가 현시하고 있거나, 신호기 외방에 열차가 주체의 신호기 정지신호에 의하여 열차가 정지하고 있을 경우에도 현시하게 되므로 기관사는 중계신호기 외방에 정차할 수 있는 자세로 진행 하여야 한다.

예제 **다음 중 종속 신호기 속에 포함되는 신호기가 아닌 것은?**

가. 중계신호기　　나. 통과신호기
다. 원방신호기　　**라. 유도신호기**

해설 유도신호기는 주신호기에 해당된다.

예제 **다음 중 등렬식신호기의 종류가 아닌 것은**

가. 입환신호기　　나. 중계신호기
다. 유도신호기　　**라. 원방신호기**

해설 등렬식신호기: 중계신호기, 유도신호기, 입환신호기

(3) 신호부속기(Signal Appendant)

① 진로표시기(Route Appendant)

주신호기의 진로개통 방향을 표시하기 위하여 설치한 것으로 주신호기를 2 이상의 선로에 사용할 때에는 주신호기의 하단에 설치하여 그 신호기의 진로개통 방향을 나타낸다.

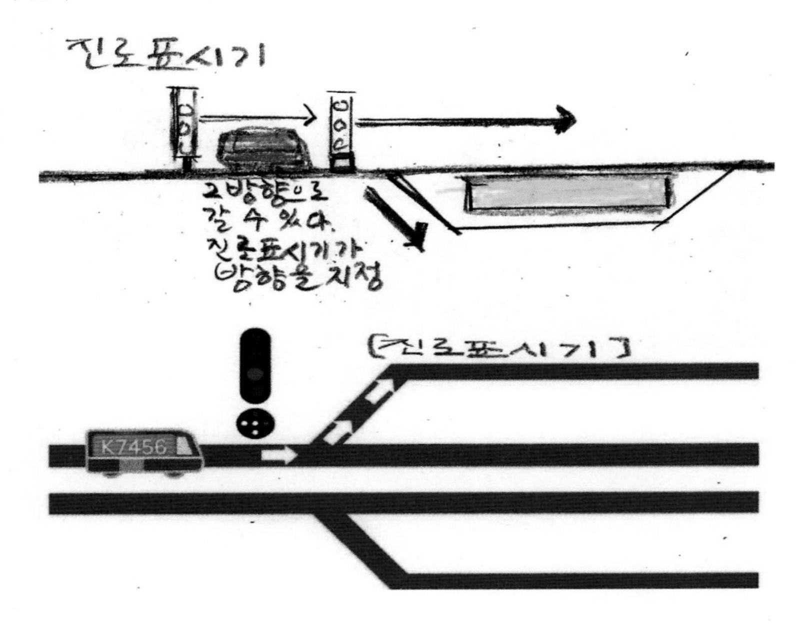

예제 다음 중 상치신호기의 분류에 해당하는 것은?

가. 주신호기, 종속신호기
나. 주신호기, 임시신호기, 특수신호기
다. 주신호기, 임시신호기, 신호부속기
라. 주신호기, 종속신호기, 신호부속기

해설 상치신호기는 주신호기, 종속신호기, 신호부속기로 구성된다.

2) 신호구조상 분류

(1) 완목식신호기(Semaphore Signal)

직사각형의 완목(Arm)을 신호주기에 설치하여 주간에는 완목의 위치, 형태, 색깔에 따라 신호를 현시하고, 야간에는 완목에 달려있는 신호기 등 유리의 색깔에 따라 정지 또는 진행신호를 나타내는 것으로서 주신호기와 종속신호기에 사용된다.

예제 **다음 중 완목식신호기에 관한 설명으로 틀린 것은?**

가. 주신호기로만 사용한다.

나. 주간에는 완목의 위치, 형태, 색깔에 따라 신호를 현시한다.

다. 직사각형의 완목을 신호기주에 설치하여 신호를 현시한다.

라. 야간에는 색깔에 따라 신호를 현시한다.

해설 완목식신호기는 주신호기와 종속신호기에 사용한다.

(2) 색등식신호기

신호기등의 색깔 및 배치위치로서 신호를 현시하는 것으로 단등형신호기와 다등형신호기가 있다.

[색등식 신호기]

신호기등의 색깔 및 배치위치로서 신호를 현시하는 것으로 단동형 신호기와 다등형

신호기가 있다.

다등형 신호기

단등형 신호기

예제 **다음 중 다등형 신호기에서 사용하는 색깔의 종류는?**

가. 4종　　　　나. 2종
다. 3종　　　　라. 5종

해설 다등형신호기는 등황색 · 적색 · 녹색(Y.R.G) 3종의 색을 사용한다.

(3) 등열식 신호기

여러 개의 백색 등을 조합하여 배열을 가로, 세로 또는 경사지게 하여 신호를 현시하는 방식으로 입환, 유도, 중계신호기 등에 사용된다.

예제 **다음 설명 중 맞는 것은?**

가. 장내신호기는 정거장에 진입할 열차에 대하여 그 신호기 외방으로의 진입가부를 지시하는 신호기이다.
나. 유도신호기의 신호현시 확인거리는 200M 이상이다.
다. 등열식 신호기는 여러 개의 백색등을 조합하여 신호를 현시하는 것으로 입환, 유도, 중계신호기에 사용한다.
라. 자동 폐색구간의 장내, 출발신호기는 조작상 수동신호기로 분류한다.

해설 등열식 신호기: 여러 개의 백색을 조합하여 신호를 현시한다. 입환, 유도, 중계신호기가 모두 등열식 신호기이다.

예제 **다음 중 등렬식신호기의 종류가 아닌 것은**

가. 입환신호기 나. 중계신호기
다. 유도신호기 **라. 원방신호기**

해설 등렬식신호기에는 유도 · 입환 · 중계신호기가 있다.

① **유도신호기**

평상시에는 소등되어 있다가 현시할 때만 2개의 등을 45°로 점등한다. 확인거리는 100m 정도이다.

예제 **다음 중 평상 시 소등되어 있는 신호기는?**

가. 입환신호기 **나. 유도신호기**
다. 엄호신호기 라. 원방신호기

해설 유도신호기는 평상시에는 소등되어 있다가 현시할 때에만 2개의 등을 45°로 점등한다.

② **입환신호기**

입환신호기는 다등형 색등식(적색, 청색)과 등렬식으로 구분된다. 점차적으로 다등형 색등식으로 개량되는 추세에 있다.

[등열식 신호기]

① 유도신호기: 평상시에는 소등되어 있다가 현시할 때만 2개의 등을 45도로 점등한다. 확인거리는 100m정도이다.
② 입환신호기: 입환신호기는 다등형 색등식(적색, 청색)과 등렬식으로 구분된다. 점차적으로 다등형 색등식으로 개량되는 추세에 있다.

등렬식 신호기

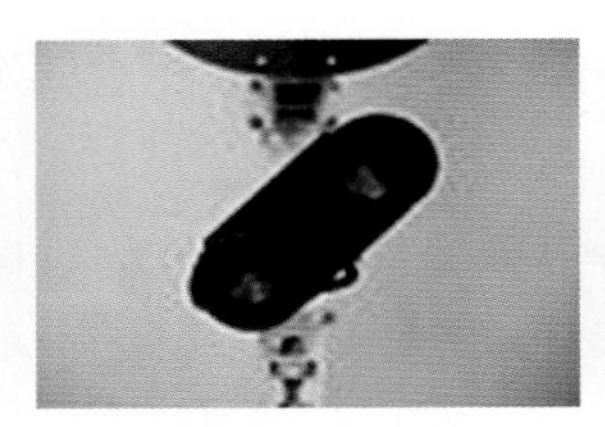
유도신호기

용산역의 입환신호기

예제 다음 중 등렬식신호기의 종류가 아닌 것은?

가. 입환신호기 나. 중계신호기
다. 유도신호기 **라. 원방신호기**

해설 등렬식신호기: 유도 · 입환 · 중계신호기

③ 중계신호기

주신호기의 현시를 그대로 중계하기 위하여 주신호기의 제어계전기 여자접점과 같은 접점을 사용하여 제어회로를 구성한다.

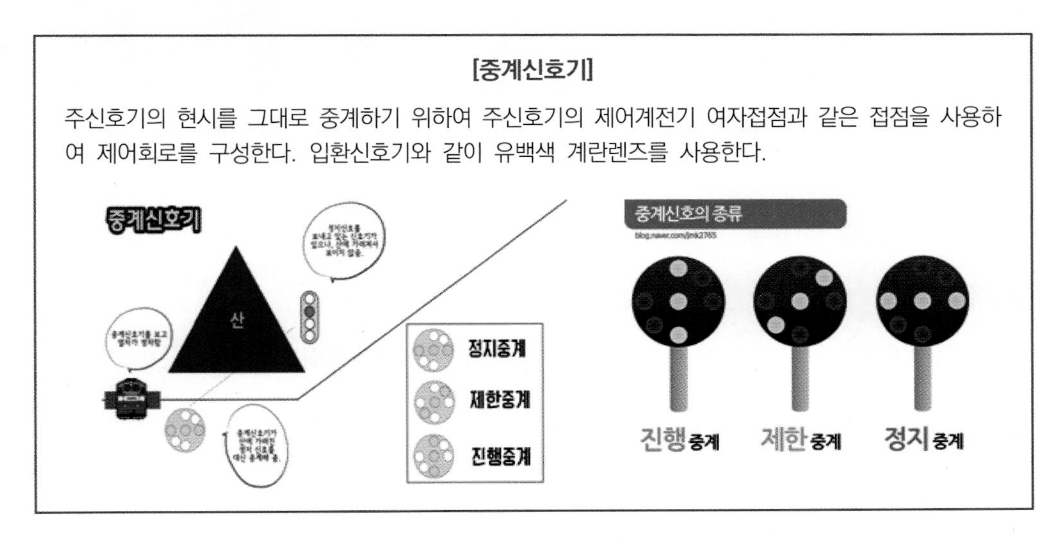

3) 신호 현시별분류

(1) 2위식 신호기

2현시: 진행(G), 정지(R)또는 진행(G), 주의(Y)

(2) 3위식 신호기(G, Y, R) (나타내는 색깔은 3가지이지만 3,4,5현시형태로 현시)

① 3현시: 진행(G), 주의(Y), 정지(R1, R))
② 4현시: 진행(G), 감속(YG), 주의(Y), 정지(R) 또는 진행(G), 주의(Y), 경계(YY), 정지(R1,R0)
③ 5현시: 진행(G), 감속(YG), 주의(Y), 경계(YY), 정지(R1,R0)

[신호 현시별 분류]

(1) 2위식 신호기
 -2현시: 진행(G), 정지(R) 또는 진행(G), 주의(Y)

(2) 3위식 신호기(G, Y, R) (나타내는 색깔은 3가지이지만 3,4,5현시형태로 현시)
 ① 3현시: 진행(G), 주의(Y), 정지(R1, R)
 ② 4현시; 진행(G), 감속(YG), 주의(Y), 정지(R) 또는 진행(G), 주의(Y), 경계(YY), 정지(R1,R0)
 ③ 5현시: 진행(G), 감속(YG), 주의(Y), 경계(YY), 정지(R1,R0)

3현시

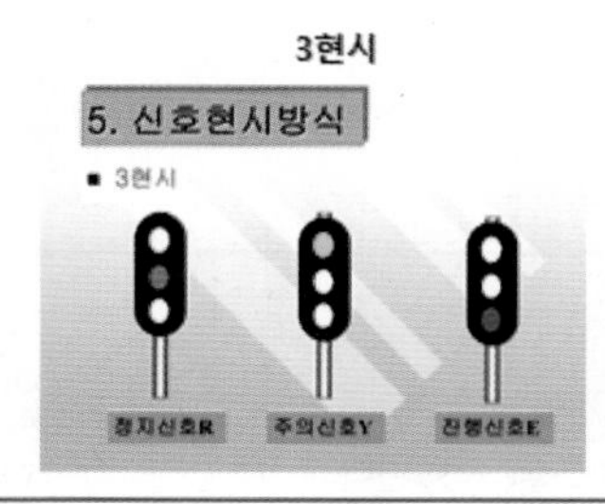

4현시

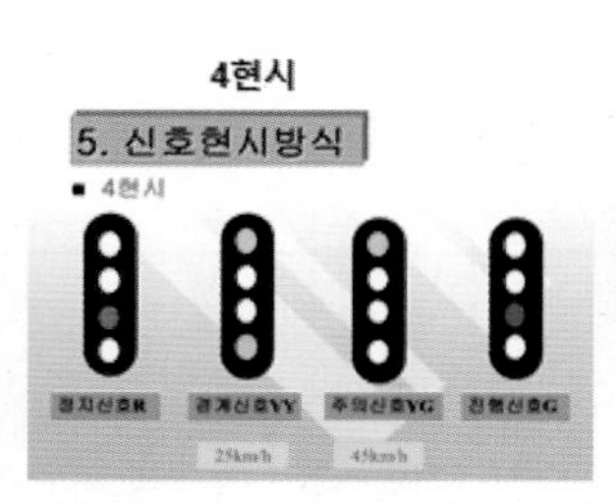

5현시

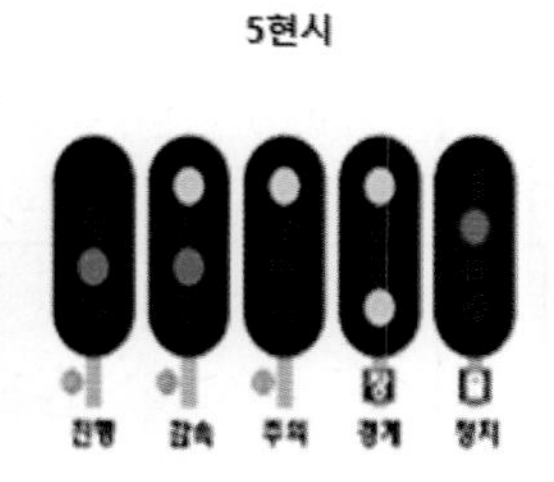

4) 신호현시 상태 별 분류

(1) 절대신호

진행신호가 현시된 경우 이외는 절대로 신호기 내방에 진입할 수 없는 신호기

(2) 허용신호

[신호현시 상태별 분류]

(1) 절대신호: 절대신호가 현시된 경우 이외는 절대로 신호기 내방에 진입할 수 없는 신호기
(2) 허용신호: 정지신호가 현시된 경우라도 일단 정지 후 제한속도로 신호기 내방에 진입할 수 있는 신호기

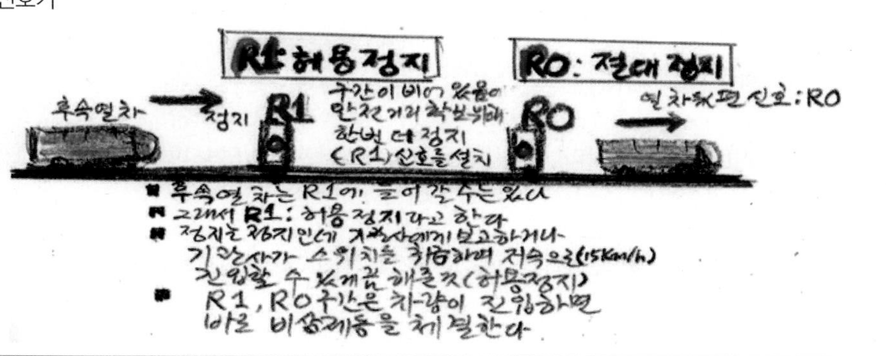

정지신호가 현시된 경우라도 일단 정지 후 제한속도로 신호기 내방에 진입할 수 있는 신호기

5) 상치신호기의 건식 (어떻게 새우는가?)

정거장 구내 또는 역과 역 사이에 많은 신호기를 설치할 경우에 열차의 기관사가 해당 운행선로에 대하여 식별을 용이하게 하기 위하여 설치한다.

① 신호기는 소속선의 바로 위 또는 왼쪽에 세운다. 다만, 지형 또는 특별한 사유가 있을 때는 예외로 한다.

② 2 이상의 진입선에 대해서는 같은 종류의 신호기를 같은 지점에 세우는 경우, 각 신호기의 배열방법은 진입선로의 배열과 같게 한다.

③ 신호기는 1진로마다 1신호기를 설치하는 것을 원칙으로 하며 특별한 경우에는 예외로 한다.

④ 같은 선에서 분기되는 2 이상의 진로에 대하여 같은 종류의 신호기는 같은 지점 또는 같은 신호기주에 설치하여야 한다.

예제 **다음 중 상치신호기의 신호현시 확인거리로 틀린 것은?**

가. 유도신호기100(m) 이상
나. 중계신호기200(m) 이상
다. 진로표시기100(m) 이상
라. 폐색신호기600(m) 이상

해설 진로표시기 200(m) 이상

[입환표지]

- 입환신호기에서는 무유도 표시등이 들어오면 들어갈 수 있다.
- 그러나 입환표지에서는 입환표지만 보고 들어갈 수 없다.
  반드시 조차원의 유도가 필요하다.
- 입환표지가 들어오더라도 차량기지 내 차량의 점유 여부와는 상관이 없다.

입환표지

대부분의 시간 동안 항상 빨간불만 켜져 있는 입환신호기

예제 **다음 중 유도신호기 신호현시 확인거리로 맞는 것은?**

가. 100m 이상
나. 150m 이상
다. 300m 이상
라. 200m 이상

해설 유도신호기 신호현시 확인거리 100m 이상이다.

예제 **다음 중 신호기의 확인거리에 관한 설명으로 틀린 것은?**

가. 주신호용 진로표시기 200(m) 이상
나. 중계신호기 200(m) 이상
다. 입환신호기 부설 진로표시기는 150(m) 이상
라. 폐색신호기 600(m) 이상

해설 입환신호기 부설 진로표시기는 100(m) 이상

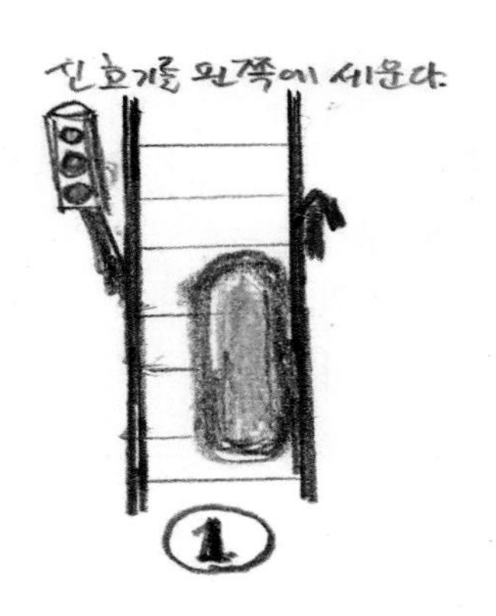

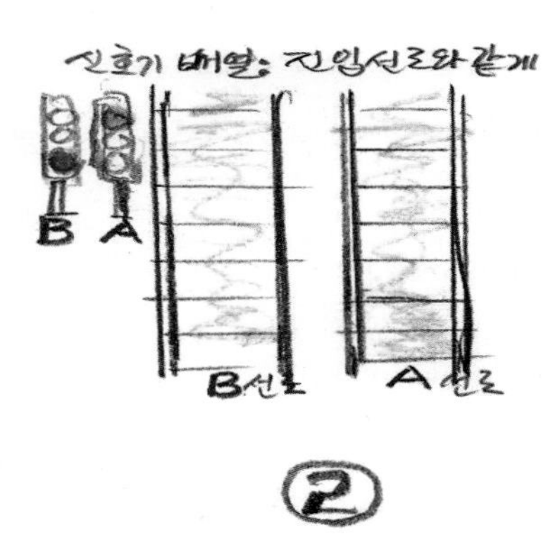

6) 신호기의 정위 (꼭 암기!!)

[정위]

- 신호기를 취급하기 전의 상태
- 항상 보여주어야 하는 신호(안전을 위한 기본 신호)

[정지 정위신호]

- 신호기는 항상 정지하고 있어야 한다.
- 관제사가 취급할 때만 진행으로 바꿔준다.

(1) 정지 정위 신호기

① 장내신호기, ② 출발신호기, ③ 엄호신호기, ④ 단선구간폐색신호기, ⑤ 입환신호기

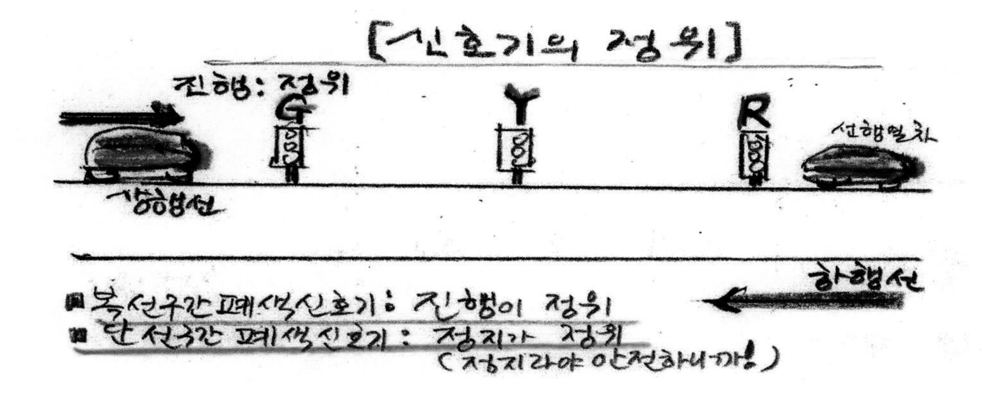

(2) 주의 정위신호기: 원방신호기

– 비자동구간에서 장내신호기에 종속하는 신호기
– 장내신호기가 정지이면 원방신호기는 주의
– 장내신호기가 진행이면 원방신호기는 진행
– 원방신호기에는 정지는 없다.
– 장내가 정지이므로 원방은 주의가 정위가 된다.

(3) 진행 및 현시하지 않음

① 진행정위신호기: 복선구간폐색신호기
② 현시하지 않음(소등): 유도신호기(유도신호기는 소등이 정위이다)

예제 **다음 중 종사원 상호 간에 의사를 전달하기 위해 사용하는 전호의 종류가 아닌 것은?**

가. 서행허용전호
나. 전철전호
다. 입환전호
라. 제동시험전호

해설 서행허용전호는 직원 상호간에 의사전달 목적의 전호에 해당하지 않는다.

7) 표지

표지는 장소의 상태를 표시하는 것이다.

(1) 자동폐색 식별 표지

- 패색신호기가 정지신호를 현시하더라도(자동폐색 식별 표지가 있다고 하면)
- 일단 정지 후 15km/h 이하 속도로 패색구간을 운행하여도 좋다는 것(폐색구간 내에는 1편성의 열차만 들어갈 수 있다는 원칙을 일종의 예외를 두어서 허용하는 것이다)
- 초 고휘도반사체를 사용하여 백색 원판의 중앙에 패색신호기의 번호를 표시한 것.

[표지: 장소의 상태를 표시]

자동폐색 식별 표지
- 패색신호기가 정지신호를 현시하더라도
- 일단 정지 후 15Km/h 이하 속도로 패색구간을 운행하여도 좋다는
- 초 고휘도 반사체를 사용하여 백색 원판의 중앙에 패색신호기의 번호를 표시한 것.

자동폐색 식별 표지
백색 원판의 중앙에 패색신호기의 번호

(2) 서행허용표지

- 서행허용표지는 선로상태가 1,000분의 10 이상의
- 상구배에 설치된 자동폐색신호기 하위에 설치하여 폐색신호기에 정지신호가 현시되었더라도 일단 정지하지 않아도 좋다는 것을 표시한 것이다.

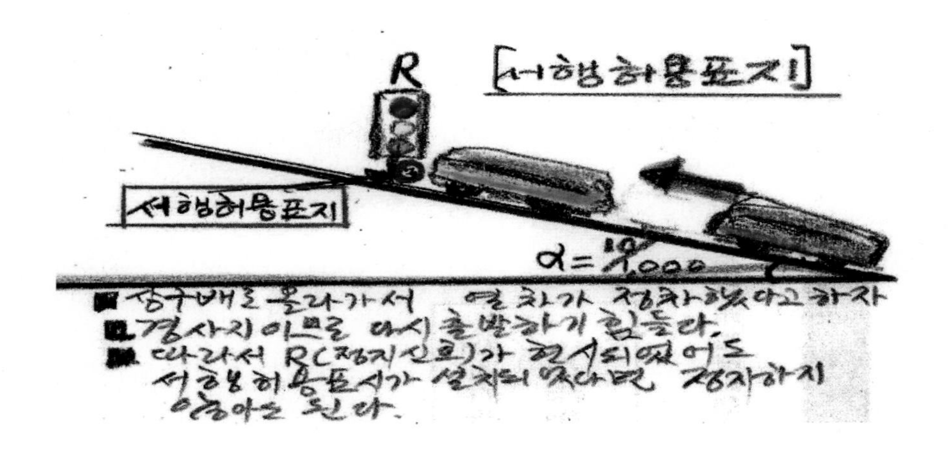

예제 **자동폐색구간의 신호기에 서행허용표지를 첨장하는 구간으로 적당한 것은?**

가.10/1000 이상의 상구배 나. 10/1000 이하의 상구배
다.10/1000 이상의 하구배 라. 10/1000 이하의 하구배

해설 10/1000 이상의 상구배에 서행허용표지를 첨장하는 구간으로 적당하다.

예제 **다음 중 폐색신호기에 첨장된 서행허용표지의 역할로 맞는 것은?**

가. 주신호기가 고장임을 표시한다.
나. 정지신호라도 진입을 허용한 표지이다.
다. 선로가 약화된 곳에 설치하여 서행개소임을 표시한다.
라. 전방 지로에 이상이 있음을 예고한다.

해설 폐색신호기에 정지신호가 현시되었더라도 일단 정지하지 않아도 좋다는 것을 표시하는 것이다.

예제 **다음 중 종사원 상호간에 의사를 전달하기 위해 사용하는 전호의 종류가 아닌 것은?**

가. 서행허용전호 나. 전철전호
다. 입환전호 라. 제동시험전호

해설 서행허용전호는 직원 상호간에 의사를 전달 목적의 전호에 해당하지 않는다.

(3) 출발신호기 반응표지

- 승강장에서 역장 또는 기관사가 출발신호를 확인할 수 없는 정차장에 설치
- 백색등을 단등형 형태로 점등하여 출발신호를 표시

(4) 입환 표지(차량의 점유 여부와는 상관없음)

- 차량의 입환을 하는 철로에서 진로 개통상태를 표시할 필요가 있는 경우에 이를 표시하는 표지이다.(입환표지 = 진로개통)
- 입환표지가 입환신호기와 다른 점은 무유도표시등이 없는 형태로 입환작업을 할 때에는 조차원의 유도를 필요로 한다는 것이다.(입환표지 = 조차원의 유도 필요)

[출발신호기 반응표지]

- 승강장에서 역장 또는 기관사가 출발 신호를 확인할 수 없는 정차장에 설치
- 백색등을 단등형 형태로 점등하여 출발신호를 표시한다.

[입환표지]

- 차량의 입환을 하는 철로에서 진로 개통상태를 표시할 필요가 있는 경우에 이를 표시하는 표지이다. (입환표지=진로개통)
- 입환표지가 입환신호기와 다른 점은 무유도 표시등이 없는 형태로 입환작업을 할 때에는 조차원의 유도를 필요로 한다는 것이다. (입환표지=조차원의 유도 필요)

출발신호기 반응표지

입환표지

[입환표지]

차량 점유 확인 (O, X)

입환표지

차량기지

본선

무유도 표시등

■ 열차진행방향에 차량이 점유하지 않고 있다는 사실이 확인되면 입환표지 밑의 무유도표시등이 들어온다.

무유도표시등과 입환표지 2개를 모두 확인해야만 기관사는 진입

입환표지 = 진로개통

■ 입환표지만 들어오면 진로 개통만 되어 있는 것 진입허용여부와는 관계없다. 조차원의 유도를 받으면서 들어가야 한다

■ 입환신호기는 입환표지 밑에 무유도 표시등이 있어서 조차원이 유도하지 않아도 입환신호기만 보고 들어 갈 수 있다

• 즉 무유도표시등이 들어오면 들어갈 수 있다

예제 다음 중 입환표지에 관한 설명으로 틀린 것은?

가. 수송원(조차원)의 유도를 필요로 한다.

나. 입환신호기와 다른점은 무유도표시등이 없는 형태이다.

다. 차량의 입환을 하는 선로에서 개통상태를 표시할 필요가 있는 경우에 표시한다.

라. 입환선로의 도착지점에 열차가 있으면 현시되지 않는다.

해설 입환표지는 차량의 입환을 하는 선로에서 개통상태를 표시할 필요가 있는 경우에 이를 표시하고, 입환신호기와 다른 점은 무유도표시등이 없는 형태로 차량의 입환작업을 할 때 조차원의 유도를 필요로 한다.

(5) 차량접촉한계표지

선로의 분기 또는 교차하는 개소에는 그 선로를 운행하는 열차 또는 차량이 인접선로를 운행하는 열차 또는 차량과 서로 접촉하지 않는 한계를 표시하기 위하여 다음과 같은 표지를 설치한다.

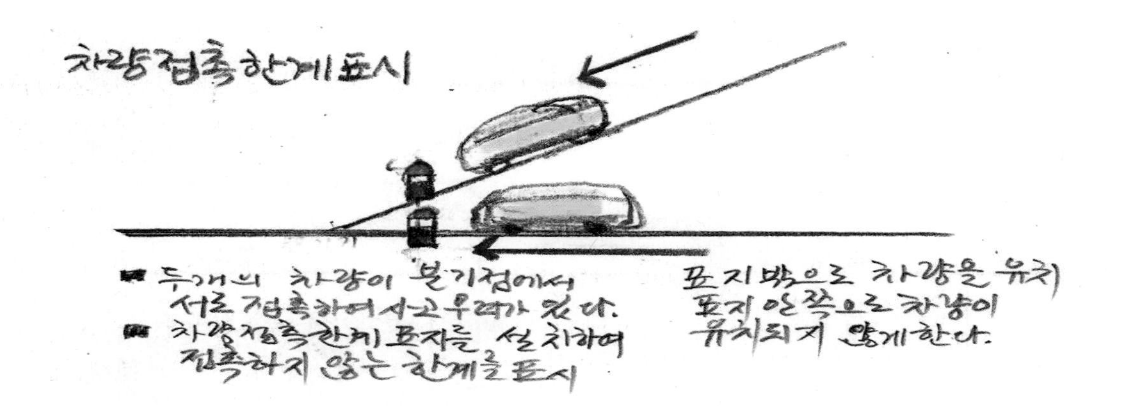

(6) 궤도회로 경계표지

- 신호 원격제어구간에서 역간의 궤도회로고장 시
- 열차운행을 원활히 하기 위하여 자동폐색 궤도회로의 경계지점에 설치하는 표지이다.

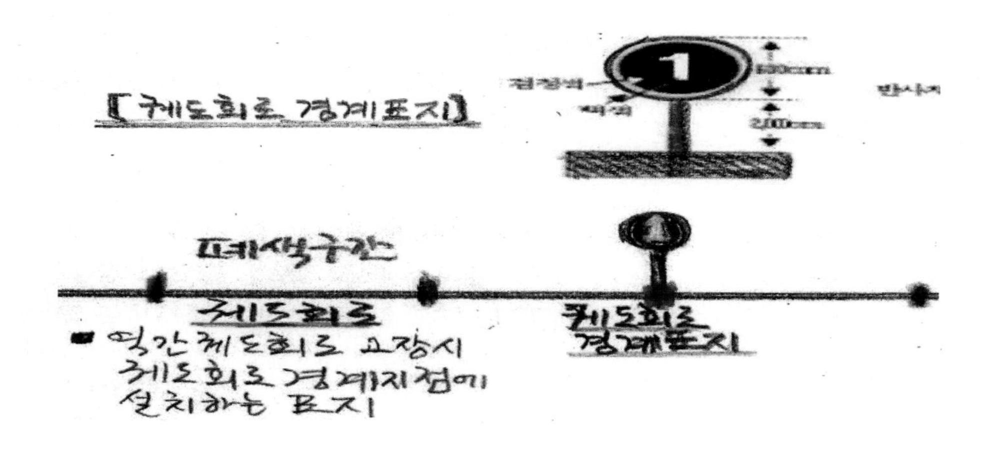

예제 **다음 중 신호기 장치에 있어 형과 색에 의한 표지는?**

가. 열차정지표지
나. 차막이표지
다. 선로전환기표지
라. 서행허용표지

해설 형과 색에 의한 표지는 선로전환기표지이다.

예제 다음 중 정차장에서 입환전호를 생략하고 입환차량을 운전하는 경우 운전구간의 끝 지점을 표시할 필요가 있는 지점에 설치하는 표지는?

가. 입환표지　　　　나. 차량접촉한계표지

다. 차량정지표지　　　　라. 열차정지표지

해설 차량정지표지에 대한 설명이다.

제2절 선로전환기 장치(분기기)

- 정거장 구내에서는 열차의 운행에 사용되는 본선으로부터 측선으로 진로를 바꾸는 등
- 하나의 선로에서 다른 선로로 분기하기 위하여 분기되는 곳에 설치한 궤도 위의 설비를 분기기라고 한다.

1. 분기부

- 열차 또는 차량을 한 궤도에서 타 궤도로 전이시키기 위하여 설치한 궤도상의 설비
- 포인트(Point)부분, 리드(Lead)부분, 크로싱(Crossing)부분의 3부분으로 구성
- 선로전환장치에 의해 텅레일(Tonge Rail)이 움직이면서 차량이 대향 방향의 좌측 또는 우측으로 갈 수 있게 한다.

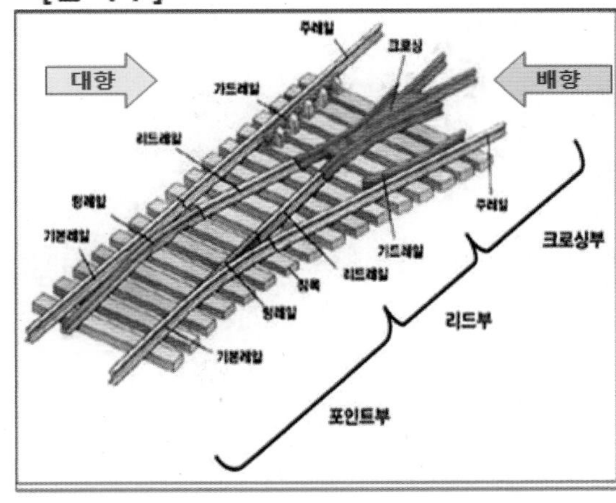

텅레일(Tongue Rail)
레일 한쪽을 얇게 삭정한 첨단을 기본레일에 밀착시켜 전환하는 구조로 이 가동레일의 형상 때문에 텅레일이라 하며 레일을 깎아서 제작하므로 가능한 강도를 크게 한다(9호선 웹진).

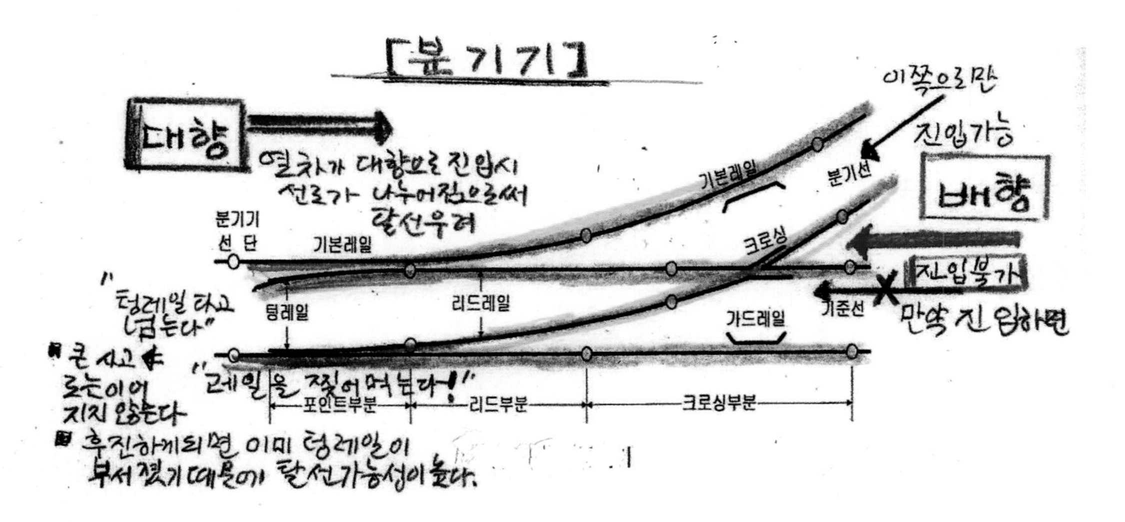

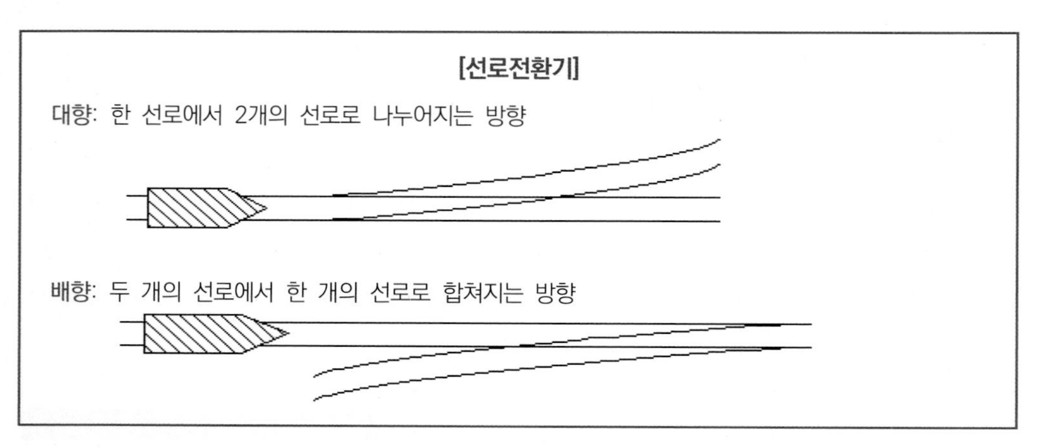

예제 다음 선로 전환기의 설명 중 틀린 것은?

가. 분기기는 포인트(Point)부분, 연장(Extension)부분, 크로싱(Crossing)부분의 세 부분으로 구성되어 있다.

나. 분기기는 열차가 운행하는 방향에 따라 대향(Facing)선로전환기와 배향(Trailing)선로전환기로 구분한다.

다. 대향선로전환기의 경우 첨단의 밀착이 불량하면 열차가 탈선할 우려가 있다.

라. 배향(Trailing)선로전환기는 두 개의 선로에서 한 개의 선로로 합쳐지는 방향을 의미한다.

해설 분기기는 포인트부분, 리드부분, 크로싱부분의 세 부분으로 구성되어 있다.

예제 **첨단 밀착의 불량으로 열차가 탈선할 우려가 있는 선로전환기는?**

가. 탈선선로전환기 　　　　　　　　나. 배향선로전환기

다. 대향선로전환기 　　　　　　　라. 대향과배향선로전환기

해설 대향선로전환기: 첨단의 밀착이 불량하면 열차가 탈선할 우려가 있다.

예제 **다음 중 분기기에 대한 설명으로 틀린 것은?**

가. 분기기는 일반궤도에 비해 구조상이나 선형상으로도 취약점이 있어 열차의 통과속도를 제한하고 있다.

나. 포인트부, 크로싱부, 리드부의 3부분으로 구성한다.

다. 포인트에서 크로싱 방향으로 진입할 경우 배향이라 하며, 배향 분기기는 대향 분기보다 불안전하고 위험하다.

라. 단선의 상하본선에서 포인트의 정위는 열차의 진입방향이다.

해설 포인트에서 크로싱방향으로 진입할 경우 대향이라 하며, 대향 분기기는 배향 분기보다 불안전하고 위험하다.

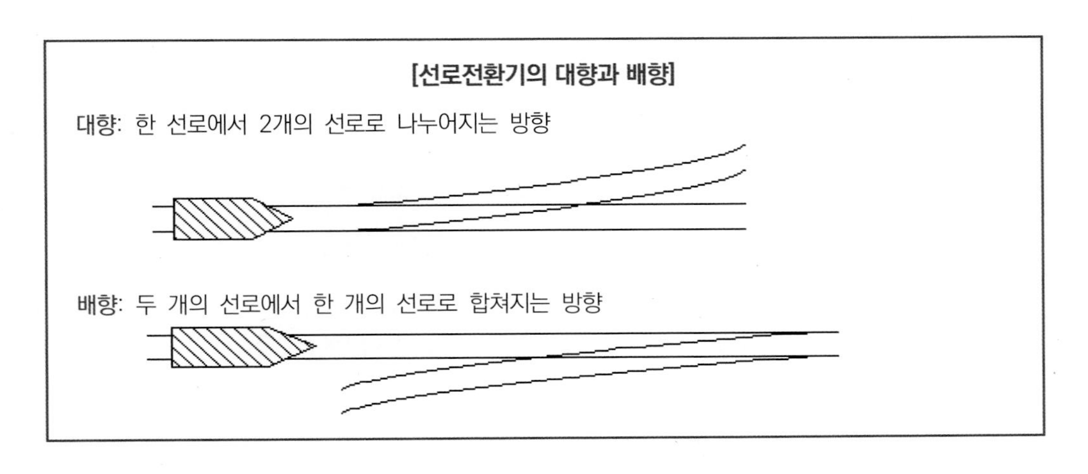

2. 선로전환기

분기부의 방향을 변환시키는 것을 선로전환기라고 한다.

[선로전환기]

① 진로를 전환시키는 전환장치와

② 전환된 선로전환기를 다시 전환되지 않도록 하는 쇄정장치(잠궈주는 장치)로 구분

1) 선로전환기의 정반위(신호기도 정위반위가 있는 것처럼) (이해한 후 꼬옥 암기!!!)

[정위와 반위]

– 선로전환기가 개통되는 방향을 정위(Normal Position) (기관사가 차량을 취급하기 전에 있는 상태)

– 그 반대 방향을 반위(Reverse Position)

[정위를 정하는 원칙]

① 본선과 본선 또는 측선과 측선과의 경우는 중요한 방향을 정위

② 단선에 있어서 상하 본선은 열차가 진입하는 방향을 정위

③ 본선과 측선의 경우에는 본선의 방향을 정위

④ 본선 또는 측선과 안전측선인 경우에는 안전측선의 방향을 정위

⑤ 탈선 선로전환기는 탈선시키는 방향을 정위

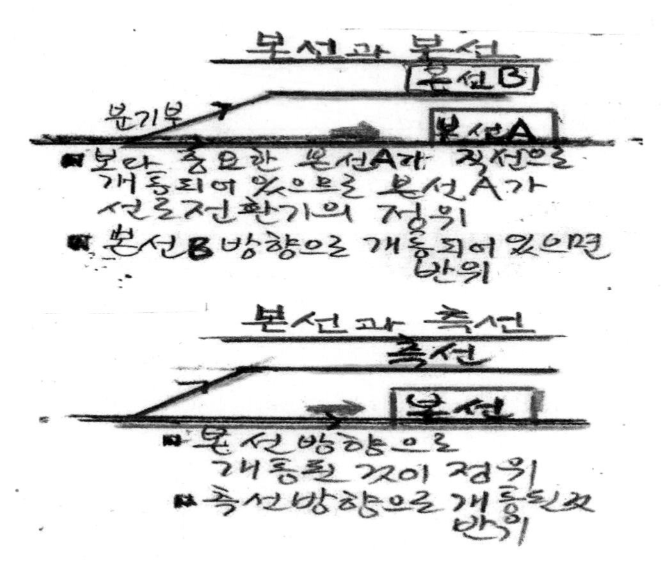

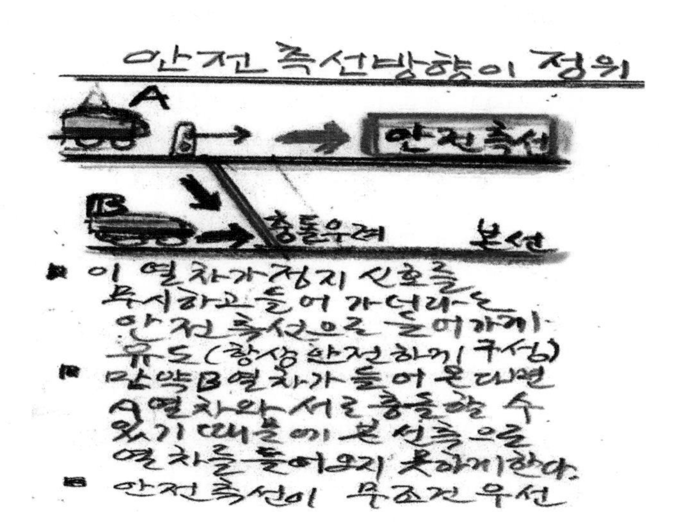

안전 측선방향이 정위
A
안전측선
B
충돌우려
본선
이 열차가 정지 신호를 무시하고 들어 가더라도 안전측선으로 들어가게 유도(항상 안전하게 구성)
만약 B열차가 들어 온다면 A열차와 서로 충돌할 수 있기 때문에 본선측으로 열차를 들어오지 못하게 한다.
안전측선이 무조건 우선

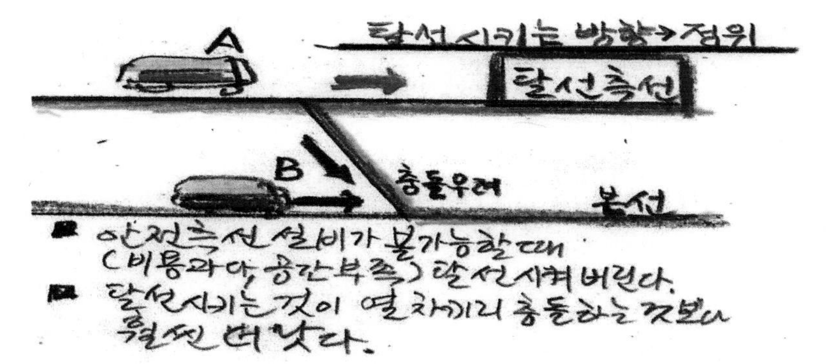

탈선시키는 방향→정위
A
탈선측선
B
충돌우려
본선
안전측선 설비가 불가능할 때 (비용과다, 공간부족) 탈선시켜 버린다.
탈선시키는 것이 열차끼리 충돌하는 것보다 훨씬 더 낫다.

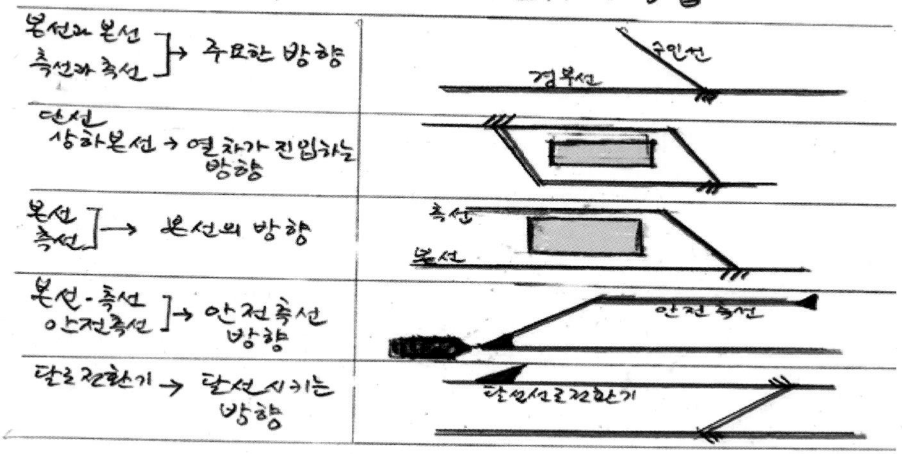

전로전환기의 정반위 결정법
본선과 본선
측선과 측선
→ 주요한 방향
수인선
경부선
단선
상하본선 → 열차가 진입하는 방향
본선
측선
→ 본선의 방향
측선
본선
본선-측선
안전측선
→ 안전측선 방향
안전측선
탈선전환기 → 탈선시키는 방향
탈선선로전환기

예제 **다음 중 선로전환기의 정반위 결정에 관한 설명으로 맞는 것은?**

가. 본선과 안전측선의경우 본선으로 개통되어 있는 때를 정위

나. 탈선선로전환기는 탈선되는 쪽으로 개통된 때를 정위

다. 본선과 측선의 경우 본선으로 개통되어 있을 때를 반위

라. 본선과 본선의 경우 주요 본선으로 개통된 때를 반위

해설 탈선선로전환기는 탈선시키는 방향이 정위이다.

예제 **다음 중 선로전환기의 정반위 결정에 관한 설명으로 맞지 않는 것은?**

가. 본선과 안전측선의 경우 본선으로 개통되어 있는 때를 정위

나. 단선에 있어서 상·하본선은 열차의 진입하는 방향을 정위로 한다.

다. 본선과 측선의 경우 본선으로 개통되어 있을 때를 정위

라. 본선과 본선의 경우 주요 본선으로 개통된 때를 정위

해설 본선과 안전측선의 경우에는 안전측선의 방향이 정위이다.

예제 **다음 중 상호 대향의 신호기를 동시에 진입 시 중대사고를 방지할 수 있는 쇄정방법은?**

가. 정위쇄정

나. 정반위쇄정

다. 반위쇄정

라. 편위쇄정

해설 정위쇄정에 대한 설명이다.

3. 노스(Nose)가동 분기기

– 분기각이 적고 리드 곡선반경이 커서 열차속도 제한을 없애고 승차감을 향상시킬 수 있다.

– 주로 고속열차 운행구간및 국철과 고속열차의 연결선 구간에 사용된다.

예제 **다음 중 노스가동분기기에 관한 설명으로 틀린 것은?**

가. 탄성 포인트를 사용한다.

나. 분기기 길이는 68~193m이다.

다. 볼트에 의한 조립식 또는 망간크로싱으로 구성된다.

라. 크로싱분류는 F18.5~F65이다.

해설 볼트에 의한 조립식 또는 망간크로싱은 일반 분기기에 대한 설명이다.
- 노스가동분기기는 고망간 크래들 및 크로싱 노스레일로 구성되어 있다.

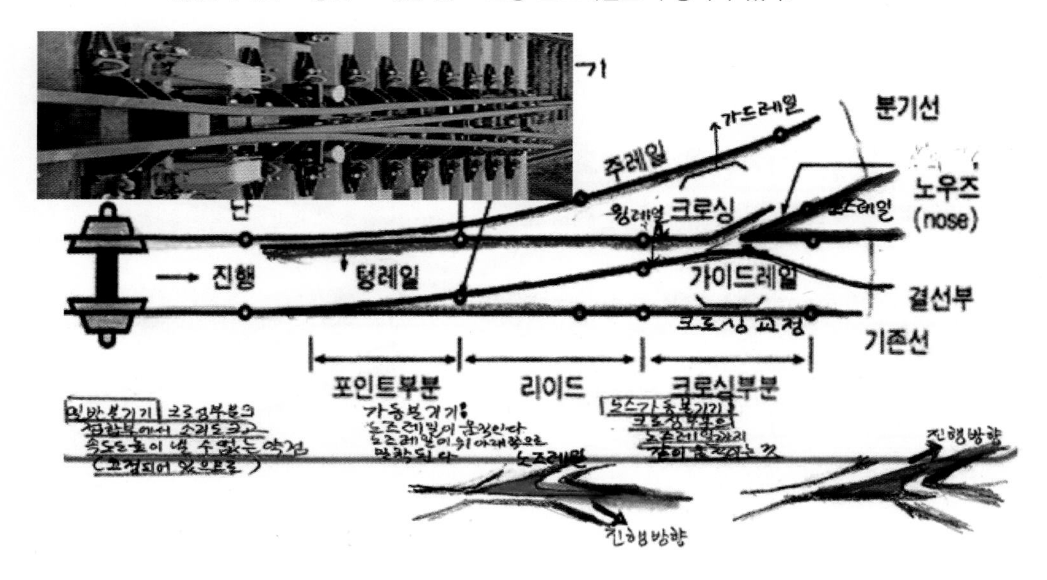

예제 **다음 중 전기선로전환기의 정부하 특성에 있어 전동기의 슬립(Slip)전류는 몇[A]가 되도록 조정하는가?**

가. 8.5

나. 10

다. 18.5

라. 26

해설 NS형 전기선로전환기의 정부하 특성에 있어서 전동기의 슬립(slip)전류가 8.5[A]가 되도록 조정한다.

4. 선로전환기의 종류

1) 구조별분류

(1) 보통 선로전환기(Point Switch)

– 텅레일이 2개가 있으며, 좌, 우 2개의 분기에 사용하는 선로전환기이다.

(2) 삼지선로전환기(Three Throw Point)

텅레일이 4개가 있으며, 좌, 중, 우 3개의 분기기에 사용된다.

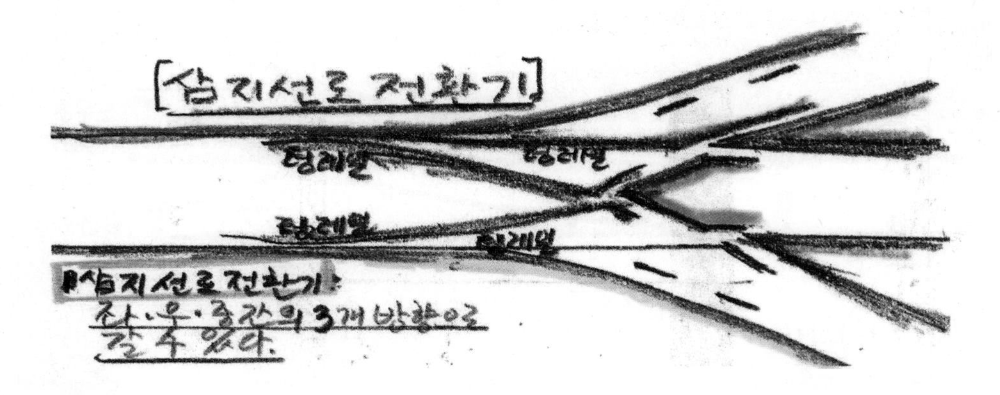

예제 다음 중 텅레일이 4본 있고 좌, 중, 우의 3개 분기기에 사용하는 선로전환기는?

가. 삼동선로전환기　　**나. 삼지선로전환기**
다. 탈선선로전환기　　라. 보통선로전환기

해설 삼지선로전환기에 대한 설명이다.

(3) 탈선 선로전환기(Derailing Point)

– 안전측선을 만들 수 없을 때 간단하게 탈선선로전환기 설치한다.
– 열차 또는 차량이 과주로 인하여 대형 사고가 발생할 우려가 있는 장소에서 열차나 차량을 탈선시킬 목적으로 설치하는 선로전환기이다.

예제 **다음 중 선로전환기의 구조상 분류가 아닌 것은?**

가. 탈선선로전환기 나. 삼지선로전환기
다. 발조선로전환기 라. 보통선로전환기

해설 구조상의 분류: 보통선로전환기, 삼지선로전환기, 탈선선로전환기

예제 **다음 중 전기선로전환기 설치 쪽 레일 내측에서 선로전환기의 중심선까지의 거리는?**

가. 1,000(mm) 나. 1,300(mm)
다. 1,200(mm) 라. 1,100(mm)

해설 전기선로전환기 설치 쪽 레일 내측에서 전로전환기의 중심선까지의 거리 1,200mm이다.

예제 **다음 중 전기 압축공기의 힘에 의하여 선로전환기를 전환하는 것으로 전공 및 전기선로 전환기는?**

가. 삼지선로전환기 나. 발조선로전환기
다. 동력선로전환기 라. 삼동선로전환기

해설 동력선로전환기에 대한 설명이다.

2) 사용력에 따른 분류

(1) 수동 선로전환기

사람의 힘에 의해 전환되는 선로전환기이다.

(2) 발조선로전환기

사람 및 스프링의 힘에 의하여 선로를 전환하는 것.

(3) 동력 선로전환기

전기 및 압축공기의 힘에 의해 전환되는 선로전환기를 전환하는 것으로 전공 및 전기 선로전환기가 있다.

예제 다음 중 전기 압축공기의 힘에 의하여 선로전환기를 전환하는 것으로 전공 및 전기선로 전환기는?

가. 삼지선로전환기　　　나. 발조선로전환기
다. 동력선로전환기　　　라. 삼동선로전환기

해설 동력선로전환기에 대한 설명이다.

3) 선로로전환기의 전환수에 따른 분류

(1) 단동 선로전환기

1개의 취급버튼에 의해 1대의 선로전환기를 전환하는 선로전환기

(2) 쌍동 선로전환기

1개의 취급버튼에 의해 2대의 선로전환기를 전환하는 선로전환기

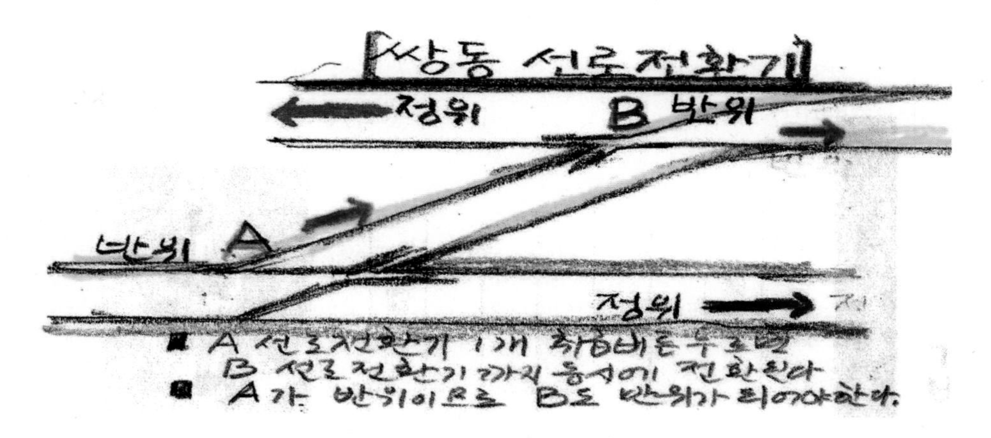

(3) 삼동 선로전환기

1개의 취급버튼에 의해 3대의 선로전환기를 전환하는 선로전환기

5. NS형 전기선로전환기

원거리에 설치한 선로전환기와 사용 횟수가 많은 선로전환기를 하나 하나 인력으로

전환한다는 것은 매우 어렵고 동작의 확인도 어려우므로 이와 같은 단점을 보완하기 위하여 전기선로전환기를 사용한다.

[NS형 전기선로 전환기]

- 원거리에 설치한 선로전환기와 사용 횟수가 많은 선로전환기를 하나하나 인력으로 전환한다는 것은 매우 어렵고
- 동작의 확인도 어려우므로 이와 같은 단점을 보완하기 위하여 전기선로전환기를 사용 (중앙관제센터에서 원격으로 동작시킨다.)

NS형 선로전환기

[NS형 선로전환기의 설치]

(1) NS형 선로전환기는 궤도의 좌우 어느 쪽인 설치할 수 있으나 보통 대향으로 보아 왼쪽에 설치한다.

(2) 전기선로전환기 설치 쪽 내측에서 선로전환기의 중심선까지의 거리는 1,200mm이며 열차가 진동하더라도 흔들리지 않도록 해야 한다.

[NS형 선로전환기]

(1) NS형 선로전환기는 궤도의 좌우 어느 쪽이나 설치할 수 있으나 보통 대향으로 보아 왼쪽에 설치한다.

(2) 전기선로전환기 설치 쪽 내측에서 선로전환기의 중심선까지의 거리는 1,200mm이며 열차가 진동하더라도 흔들리지 않도록 해야 한다.

(3) 국내에 최초로 도입되었던 전기식 선로전환기이다. 전기 모터에서 마찰 클러치를 통해 구동부에 동력을 전달하는 형태로 하여 역 토크가 걸리더라도 모터가 손상되지 않도록 설계가 되어 있다.

(4) 마찰 클러치를 쓰기 때문에 주기적인 유지보수를 필요로 하는 단점이 있다. 이후 마찰 클러치를 전자 클러치로 교체하여 무보수화로 개량한 NS-AM형 선로전환기 등의 파생형이 있다.

(5) 일반철도 및 도시철도 등에서 가장 널리 사용되고 있어, 어딜가도 쉽게 발견할 수 있다.

예제 **다음 중 전기선로전환기 설치 쪽 레일 내측에서 선로전환기의 중심선까지의 거리는?**

가. 1,000(mm)
나. 1,300(mm)
다. 1,200(mm)
라. 1,100(mm)

해설 전기선로전환기 설치 쪽 레일 내측에서 전로전환기의 중심선까지의 거리 1,200mm이다.

예제 **다음 중 전기선로전환기의 설치에 관한 설명으로 틀린 것은?**

가. 보통 배향으로 보아 왼쪽에 설치한다.
나. 레일 외측에서 선로전환기 중심선까지 거리는 1,200(mm)이다.
다. 궤도의 좌우 어느 쪽으로나 설치할 수 있다.
라. 열차가 진동하더라도 흔들리지 않도록 해야 한다.

해설 레일 내측에서 선로전환기 중심선까지 거리는 1,200(mm)이다.

예제 **정거장 구내에서 2개 이상의 열차를 동시에 진입시킬 때 만일 열차가 정지위치에서 과주하더라도 열차가 접촉 또는 충돌하는 사고의 발생을 방지하기 위한 측선은?**

① 인상선
② 유치선
③ 피난선
④ 안전측선

해설 (1) 인상선: 종착역까지 운행을 마친 열차를 회차시키거나 노선 운행 종료 후 열차를 유치하는 등의 작업을 위해 본선에 영향을 주지 않도록 따로 만들어둔 선로.
(2) 유치선: 객차, 화차를 수용유치하는 선이다.
(3) 대피선: 대피할 열차를 착발시킬 목적으로 설치하는 선로
(3) 안전측선: 정거장 내에서 2개 이상의 열차가 동시에 진입 또는 진출할 때 과주로 인한 충돌 등의 사고를 방지하기 위하여 설치하는 선로

제3절 궤도회로장치

- 궤도회로(Track Circuit)란 레일을 전기회로 일부로 사용하여
- 열차의 유무를 검지하기 위한 전기회로

1. 궤도회로란?

[궤도회로의 주요 구성부분] (암기!!)

(1) 전원장치

(2) 한류장치

(3) 궤조절연

(4) 궤도계전기

[작동원리]

- 회로 상에 열차가 없으면 파란 불(녹색등)이 들어온다.
- 열차가 쑥 들어오면 열차 자체가 전기(전기회로)를 단락을 시켜버리니까 신호기까지 여자를 시켜주지 못한다.
- 즉, 신호기가 무여자되면서 정지(적색등)를 표시하게 된다.

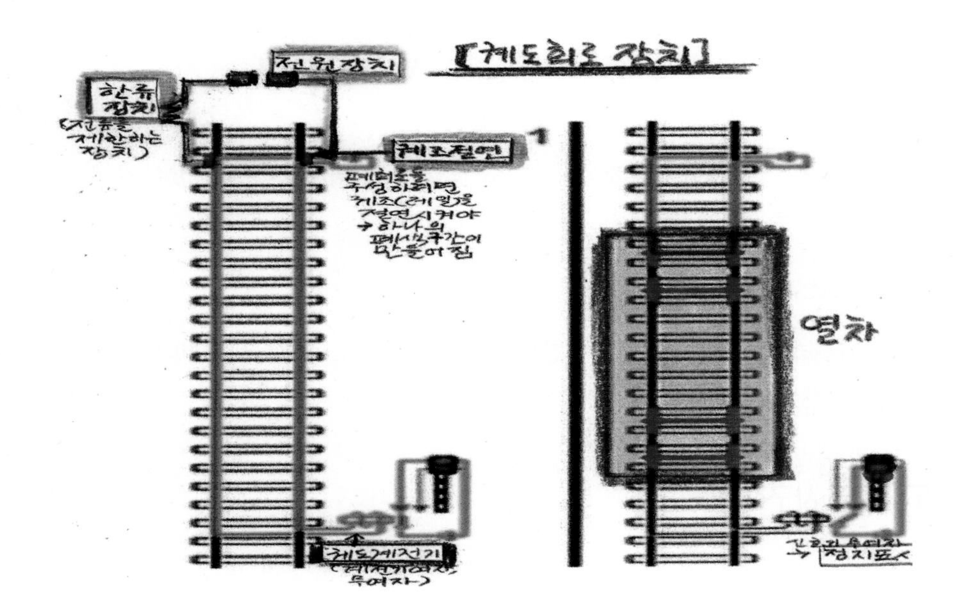

2. 궤도회로의 종류

1) 사용전원별 궤도회로("시험출제빈도 낮음")

(1) 직류궤도회로(DC Track Circuit)

직류궤도회로는 직류전원을 이용한 궤도회로로서 궤도계전기는 직류궤도계전기를 사용한다.

(2) 교류궤도회로(AC Track Circuit)

교류궤도회로는 교류전원의 무정전 확보가 가능한 지역인 비전철구간이나 직류전철구간에서 주로 사용하는 방식이다.

(3) 정류궤도회로(Commutation Track Circuit)

정류궤도회로는 교류를 정류한 맥류를 전원으로 사용하는 것으로서 궤도계전기는 직류계전기를 사용한다.

(4) 코드궤도회로(Code Track Circuit)

코드궤도회로는 궤도에 흐르는 신호전류를 소정 횟수의 코드수로 단속하고 이 코드전류가 코드계전기를 동작시킨 다음 복조기를 통하여 정규의 코드수일 때에만 코드반응계전기를 동작시킨다.

(5) AF 궤도회로(Audio Frequency Traffic Circuit)

AF궤도회로장치는 차상신호용으로 가장 적합한 시스템으로 설계방식에 따라 여러 가지 형태로 나눌 수 있다.

(6) 고전압 임펄스궤도회로

고전압 임펄스궤도회로는 국철구간의 주요 궤도회로 장치로서 비전철구간뿐 아니라 교류전철구간에서 사용 가증한 장치이다.

3. 궤도회로의 사구간

－열차가 들어가더라도 궤조회로가 단락이 되지 않는 곳이 발생한다.

– 이를 사구간이라고 한다.

[열차에 의한 궤도회로의 단락이 불가능한 곳]

① 선로의 분기교차점

② 크로싱부분

③ 교량

– 열차에 의한 궤도회로의 단락이 불가능한 곳에 발생한다.
– 이러한 구간을 사구간(Dead Section)이라고 한다.
– 궤도회로는 그 구간 내의 어떠한 지점에서 단락이 되면 계전기는 정확하게 무여자 되어야 한다.
– 그러나 어떤 구간에서는 좌우의 레일 극성이 같게 되어 열차에 의한 궤도회로의 단락이 불가능한 곳이 생기는데, 이러한 구간을 말한다.

[사구간의 길이와 보완회로구성]

– 궤도회로의 사구간은 7m를 넘지 않게 하여야 한다.
– 사구간보완회로를 구성해야 한다.

예제 **다음 중 궤도회로 사구간의 길이는 몇m 이내로 하여야 하는가?**

가. 12　　나. 10

다. 8　　**라. 7**

해설 궤도회로 사구간의 길이는 7m를 넘지 않도록 해야 한다.

예제 **다음 궤도회로 주요 구성부분에 해당하지 않는 것은?**

가. 궤도계전기　　나. 한류장치

다. 전원장치　　**라. 신호기**

해설 궤도회로의 구성부분: 전원장치, 한류장치, 궤도절연, 궤도계전기

예제 ATC 방식 또는 ATO자동운전, 무인운전에 사용하는 궤도회로로 지상 신호기를 사용하지 않는 차내 신호방식의 무절연 궤도회로는?

가. AF궤도회로　　　　　　나. 임펄스궤도회로
다. 교류궤도회로　　　　　라. 직류궤도회로

해설 AF궤도회로: ATC방식 또는 ATO 자동운전, 무인운전에 사용하는 궤도회로로서 차상신호방식으로 레일을 속도코드의 안테나로 사용하여 연속적으로 속도명령을 지시하는 궤도회로이다.

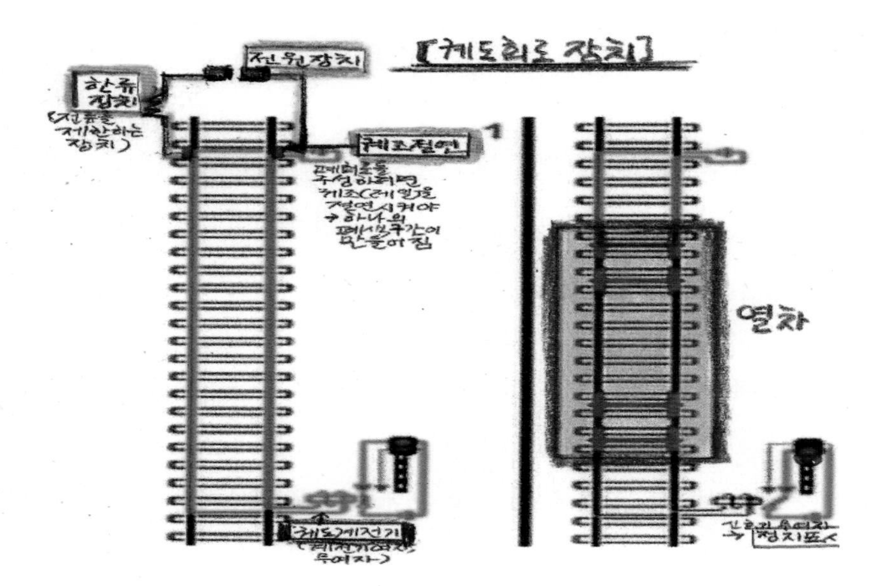

4. 궤도회로의 단락감도

- 궤도회로가 단락이 되어야만 "아! 열차가 현재 점유하고 있다"고 판단한다.
- 그러므로 궤도회로의 단락여부가 궤도회로에서 중요한 이슈가 된다.
- 이에 따라 수시로 단락 감도를 측정해야 할 필요가 있다.
- 궤도회로 기능의 양부를 판단할 목적으로 궤도회로 내의 임의의 궤조 사이를 저항으로 단락하여 궤도계전기의 여자상태를 시험한다.
- 임피던스본드 및 AF사용 구간에서는 맑은 날 0.06옴, 그 밖의 구간에서는 맑은 날 0.1옴 이상이 되어야 한다.

예제 **다음 중 임피던스본드 구간에서 궤도회로의 단락감도는?**

가. 0.6[Ω] 이상
나. 0.06[Ω] 이상
다. 0.1[Ω] 이상
라. 0.8[Ω] 이상

해설 임피던스본드 구간에서 궤도회로의 단락감도는 0.06[Ω] 이상이다.

예제 **다음 궤도회로 단락감도 측정 위치로 틀린 것은?**

가. 직류궤도회로 – 착전단 레일 위
나. 직류궤도회로 – 송전단 레일 위
다. 교류궤도회로 – 착전단 레일 위
라. 병렬궤도회로 – 병렬부분 끝 궤조 위

해설 궤도의 단락감도는 직류궤도회로의 경우에는 송전단의 레일 위, 교류궤도 회로의 경우에는 착전단의 레일위, 병렬궤도회로의 경우 앞의 두 경우 이외의 병렬부분의 끝 궤조 위에서 측정

예제 **열차검지, 차상신호전송 및 ATO운전의 보조기능을 갖는 궤도회로는?**

가. 직류궤도회로
나. 교류궤도회로
다. 임펄스궤도회로
라. AF궤도회로

해설 AF궤도회로: 열차검지, 차상신호전송(속도명령) 및 ATO 운전의 보조기능을 갖는 복궤조 궤도회로이다.

예제 **다음 중 AF 궤도회로의 기능이 아닌 것은?**

가. 차량기지에서 기관사의 신호 모진 시 정차기능
나. ATO 보조기능(출입문 개폐)
다. 열차의 위치검지
라. 열차속도코드 송신

해설 **[AF궤도회로의 기능]**

- 열차검지
- 차상신호 속도코드 송신: ATC기능
- 서행속도명령기능
- 출입문 개폐: ATO 보조기능
- 운전실 제어권 선택기능: ATO 보조기능
- ATS기능: 차량기지에서 신호보진 시 정차기능

예제 **다음 중 동극으로 인한 궤도회로의 사구간이 발생하는 개소에 해당하지 않는 장소는?**

가. 교량
나. 크로싱부분
다. 선로전환기 간류부분
라. 선로의 분기기 교차지점

해설 선로의 분기기 교차지점, 크로싱부분, 교량 등에 있어서는 좌우의 레일극성은 같게 되어 열차에 의한 궤도회로의 단락이 불가능한 곳이 생기게 된다.

예제 **다음 중 전기선로전환기의 정부하 특성에 있어 전동기의 슬립(Slip)전류는 몇[A]가 되도록 조정하는가?**

가. 8.5
나. 10
다. 18.5
라. 26

해설 NS형 전기선로전환기의 정격은 다음과 같으며 전기선로전환기의 정부하 특성에 있어서 전동기의 슬립(slip)전류가 8.5[A]가 되도록 조정한다.

5. AF 궤도회로(AF TrackCircuit) (AF: Audio Frequency: 가청주파수)

[AF궤도회로의 역할]

(1)열차의 점유여부도 감지하고
(2)궤도회로에 속도코드를 쏴주는 기능까지 추가한 궤도회로 방식이다.

- ATS에서는 지상신호기시스템으로 인하여 지상에서 속도코드가 올라오지 않았었다.
- ATC부터는 지상신호가 없어지면서 궤도(레일)에서 속도코드를 쏴주는 방식으로 변화되었다.
- "이 속도코드를 쏴 줄 수 있는 궤도회로가 무엇이냐?"
- 바로 AF궤도회로인 것이다.
- 지상신호기를 사용하지 않는 차내회로방식으로 레일을 속도코드안테나로 사용하여 연속적으로 속도명령을 지시하는 궤도회로이다.

[AF궤도회로의 사용처]

AF궤도회로는
(1) ATC방식

(2) ATO자동운전

(3) 무인운전

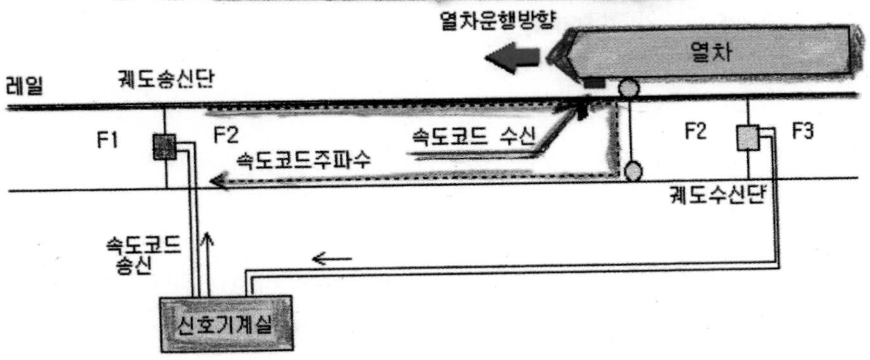

[AF 궤도회로의 기능]

- 열차검지: 궤도회로의 기본 기능으로 열차의 위치 검지
- 차량신호 속도코드 송신: ATC 기능
- 서행속도 명령기능: (ATC이므로 관제사가 서행속도 코드를 쏴 줄 수 있는 것이다.)
- 출입문 개폐: ATO 보조기능
- 운전실 제어권 선택기능: ATO 보조기능
- ATS 기능: 차량기지에서 기관사의 신호 모진 시 정차 기능(ATS는 기본이므로 당연히 기능에 포함된다.)

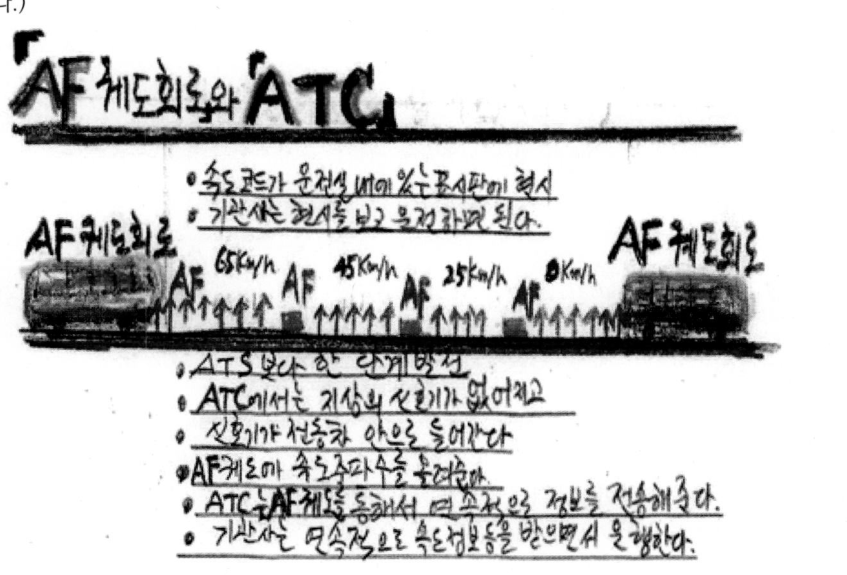

예제 **다음 중 AF 궤도회로의 기능으로 틀린 것은?**

가. 궤도회로의 기본기능으로서 열차의 위치검지를 한다.

나. 차량신호와 속도코드송신 등 ATC 기능을 보조한다.

다. 고전압 임펄스궤도회로의 일종이다.

라. 운전실 제어권선택기능 및 출입문 개폐 등 ATO보조기능을 해준다.

해설 고전압임펄스궤도회로: KORAIL 구간의 주요 궤도회로장치이다. 비전철구간뿐만이 아니라 교류전철 구간에서 사용가능한 장치로서 3Hz 임펄스궤도회로 주파수를 사용하여 열차의 위치 검지

예제 **다음 중 차내 신호방식에 적합하고, 열차검지뿐만 아니라 ATO운전의 보조기능을 갖는 복궤조궤도회로는?**

가. 코드 궤도회로

나. AF 궤도회로

다. 고전압임펄스궤도회로

라. 분주 궤도회로

해설 AF 궤도회로에 대한 설명이다.

예제 **다음 중 동극으로 인한 궤도회로의 사구간이 발생하는 개소에 해당하지 않는 장소는?**

가. 교량

나. 크로싱부분

다. 선로전환기 간류부분

라. 선로의 분기기 교차지점

해설 선로의 분기기 교차지점, 크로싱부분, 교량 등에 있어서는 좌우의 레일 극성은 같게 되어 열차에 의한 궤도회로의 단락이 불가능한 곳이 생기게 된다.

제4절 폐색장치

1. 폐색장치란?

열차를 안전하고 신속하게 운행하기 위해서는 대향열차, 선행열차, 후속열차가 서로 지장이 없도록 일정한 간격을 두고 운행해야 한다.

[일정한 간격을 두고 운행하는 방법의 종류]

1) 시간 간격법(Time Interval System)

과거에는 선행 열차 출발 후 20분 후에 후행열차가 출발한다. 즉 안전하다고 판단될 때까지 기다리다 출발하는 것이다. 만약에 떠나가 버린 선행열차가 가는 도중에 고장 등으로 정차해 있다면 큰 사고로 이어진다.

예제 **다음 중 일정한 간격을 두고 폐색구간에 의하여 열차를 운행하는 방식은?**

가. 전호간격법
나. 통신간격법
다. 폐색간격법
라. 시간간격법

해설 일정한 간격을 두고 운행하는 방법으로는 시간간격법(Time Interval System)과 공간 간격법(Space Interval System)이 있다.

2) 공간간격법(Space Interval System)

- 폐색구간을 정해서 운행한다.
- 항상 열차 간의 일정한 간격을 유지한다.
- 고속운행에 적합한 방식이다.

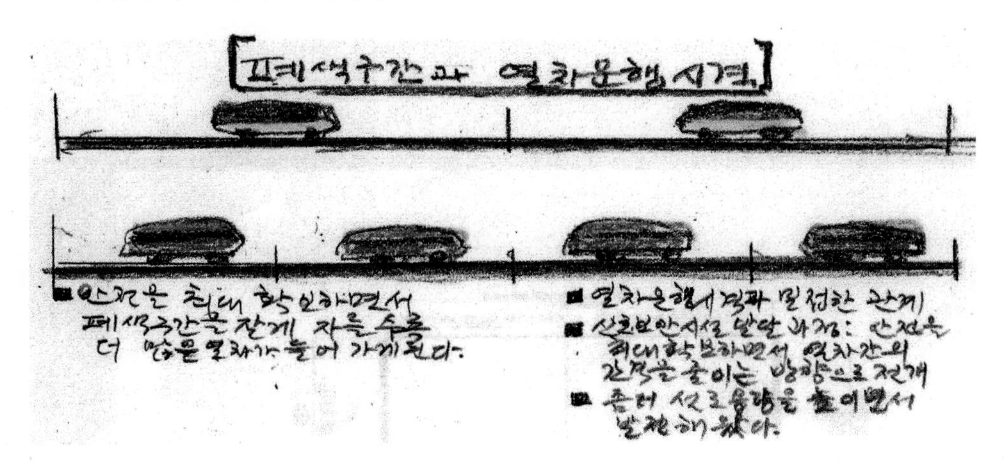

- 폐색구간을 정해서 폐색식운행을 하기 위한 일체의 설비를 폐색장치라고 한다.
- 폐색구간의 길이는 폐색장치에 의해서 정해지며 열차의 운행시격과 밀접한 관계가

있다.

– 일정한 거리를 두는 1폐색구간에서는 반드시 1개의 열차만 운행한다.

2. 열차운행방식

1) 고정폐색방식(Fixed Block System)

– 국내 국철 및 지하철에서 널리 사용되고 있는 방식

[고정폐색방식의 구분]

① 역 간 궤도회로의 폐색구간을 최초 계획된 운전 시격에 맞추어 분할하고 이 분할된 구간 내에 궤도회로를 설치하여 해당 속도명령을 궤도회로에 송신하는 방식(AF방식)(ATC나 ATO운전이 이 방식에 포함)

② 전방 폐색구간의 열차 점유 또는 무점유 상태에 따라 지정된 계열에 의한 신호 현시 Pattern으로 수동운전으로 진행하는 방식(ATS가 여기에 포함. 열차 기관사가 정지, 주의, 진행을 보고 수동으로 진행하는 방식)

[고정폐색방식의 시간간격법과 공간간격법]

① 시간간격법

일정한 시간 간격을 두고 연속적으로 열차를 출발시킨다.

② 공간간격법

– 일정한 공간을 두고 일정 구역을 정하여 1개의 열차만을 운행할 수 있도록 한 것이다.
– 이러한 구간을 폐색구간이라고 한다.
– 이와 같은 폐색구간을 정해서 운행하는 방식을 폐색식 운행방식이라 한다.
– 폐색구간이 길면 길수록 보안도는 향상되지만 선로용량은 저하된다.

[고정폐색(Fixed Block)]

궤도회로 및 지상자(밸런스)에 의한 열차제어

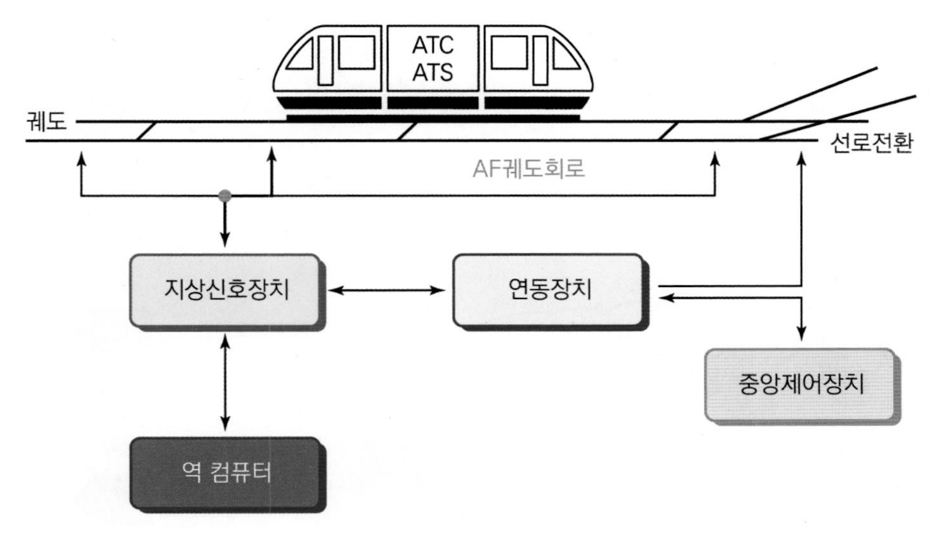

예제 **다음 중 고정폐색에 대한 설명 중 틀린 것은?**

가. 고정폐색은역과 역간을 열차 운전시격에 적합하도록 1구간 또는 여러 개의 구간으로 분할하여 설정한다.

나. 고정폐색은 신호현시별 속도 단계를 설정하여 폐색 구간의 열차 점유 상태에 따라 지정된 신호현시 패턴으로 운전하는 단계별 속도코드 전송방식이다.

다. 고정폐색은 선행열차와 후속열차 상호 간의 위치 및 속도를 무선신호 전송매체에 의하여 파악하고 차상 컴퓨터에 의해 열차 스스로 운행 간격을 조정하는 폐색 방식이다.

라. 고정폐색은 역과 역 사이에 일정하게 구간을 설정하고 그 구간에는 1대 이상의 열차가 들어올 수 없도록 하여야 한다. 즉 먼저 들어온 열차만 해당 구간에서 운행할 수 있어야 한다.

해설
- 고정폐색(Fixed Block System)]:역 간 궤도회로의 폐색구간을 최초 계획된 운전 시격에 맞추어 분할하고 이 분할된 구간 내에 궤도회로를 설치하여 해당 속도명령을 궤도회로에 송신하는 방식(AF방식)
- 이동폐색 방식(Moving Block System)]: 궤도회로가 없고 폐색구간이 없다. 고정폐색구간의 개념을 깨뜨린다.(신분당선, 소사-원시 구간에 적용) 궤도회로 없이 선후행 열차 상호 간 위치속도를 무선신호 전송매체에 의하여 파악한다. 열차 스스로 이동하면서 자동운전이 이루어지는 첨단 폐색방식이다. 고정폐색방식보다 선로용량을 증대시킬 수 있고, 운행밀도를 높일 수 있다.

2) 이동폐색방식(Moving Block System) (최신 시스템)

- 궤도회로가 없고 폐색구간이 없다.
- 고정폐색구간의 개념을 깨뜨린다.(신분당선, 소사－원시 구간에 적용)
- 궤도회로 없이 선후행 열차 상호 간 위치속도를 무선신호 전송매체에 의하여 파악한다.
- 열차 스스로 이동하면서 자동운전이 이루어지는 첨단 폐색방식이다.
- 고정폐색방식보다 선로용량을 증대시킬 수 있고, 운행밀도를 높일 수 있다.

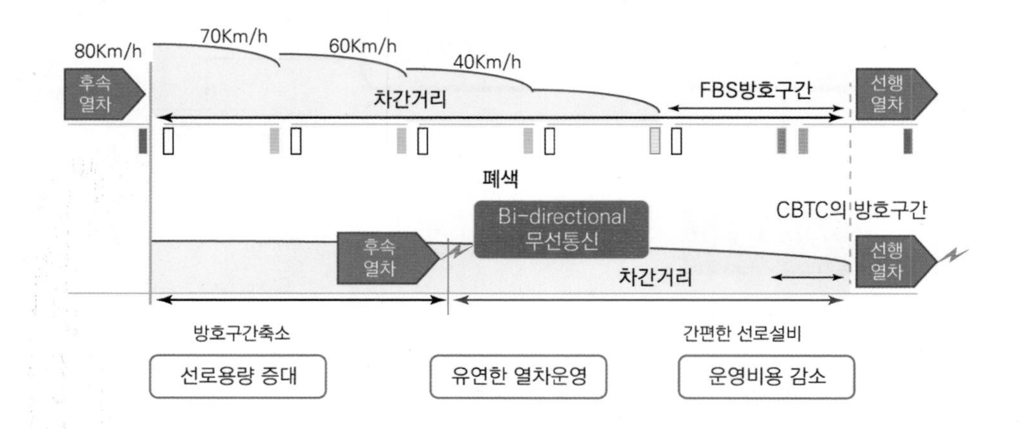

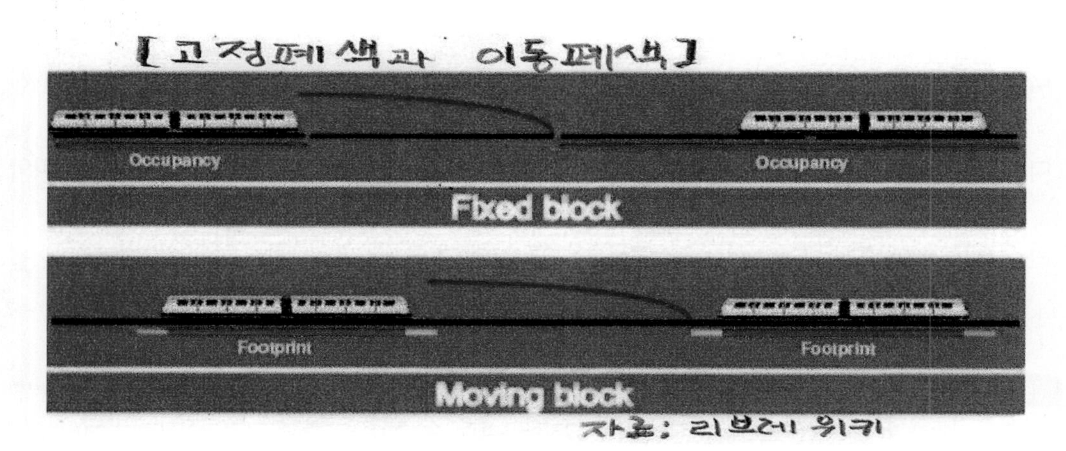

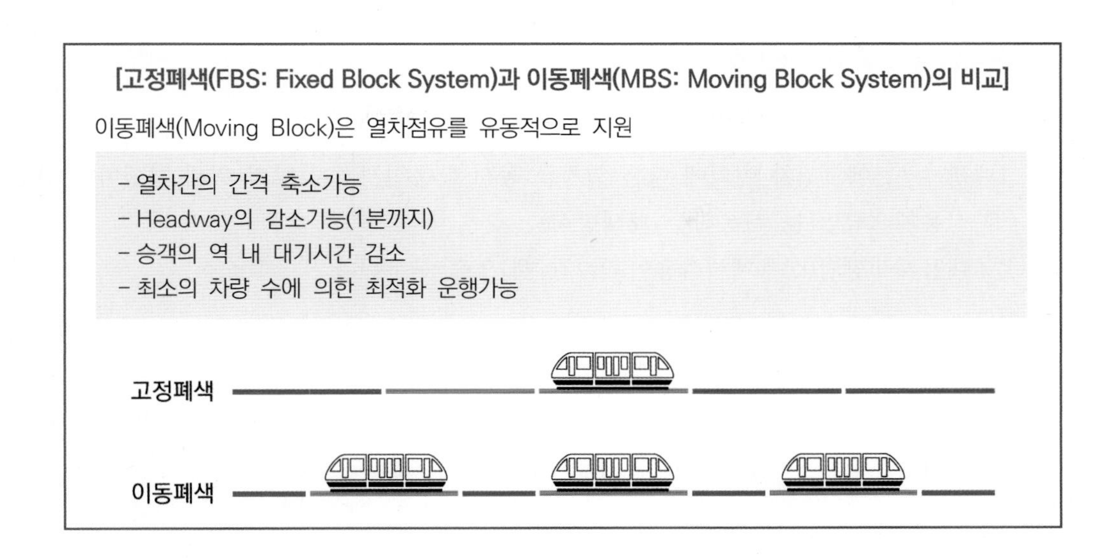

예제 **선후행 열차 상호간의 위치 및 속도를 무선 신호 전송 매체에 의하여 파악하고 차상에서 직접 열차 운행 간격을 조정함으로써 열차 스스로 이동하면서 자동 운전이 이루어지는 폐색 방식은 다음 중 어느 것인가?**

가. 자동폐색방식　　나. 고정폐색방식

다. 이동폐색방식　　라. 차내신호폐색방식

[FBS와 MBS의 제동곡선의 비교]

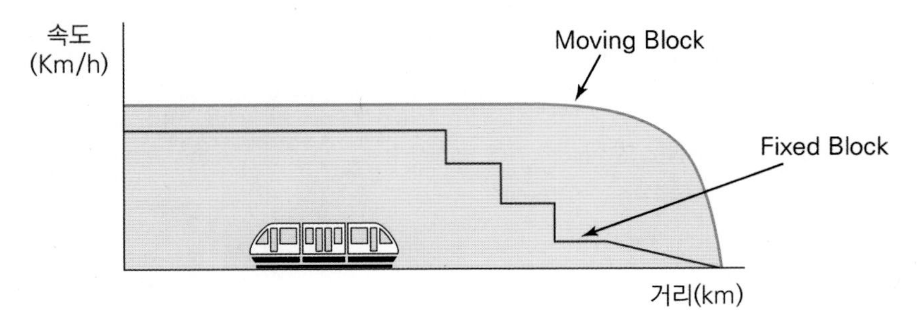

3. 폐색방식의 종류 (이해 후 암기!)

[폐색방식이란?]

1폐색 1구간에 1열차 이외에 다른 열차를 동시에 운전시키지 않기 위해 시행하는 방법

① 상용폐색방법(늘 사용하는 폐색방식)

② 대용폐색방법(상용폐색사용이 안 될 때)으로 구분된다.

1) 상용폐색방식(늘 사용하는 폐색방식)

패색구간에 열차 운전 시 평상 시 상용폐색방식에 의하여 선로의 상태에 따라 분류하는 방식

(1) 복선구간

① **자동폐색식(Automatic Block System)**

지상에 있는 폐색신호기에 열차가 진입하면 그 뒤의 신호기는 자동으로 정지, 주의, 진행의 순으로 현시. 자동으로 신호현시, 자동으로 폐색구간이 정해지는 방식

② **연동폐색식(Controlled Manual Block System)**

- 과거에 자동폐색식이 나오기 전에 이용
- 역과 인접역간을 1폐색구간으로 하고, 폐색구간 양 끝에 폐색취급 버튼을 설치하여 이를 신호기와 연동시켜 신호현시와 폐색의 이중 취급 단일화

③ **차내신호폐색식(Cab Signaling Block System)**

- ATC, ATO 구간에서 레일에서 쏴주는 속도코드를 이용해서 차내신호기에 의해 폐색이 이루어지는 방식

(2) 단선구간

- 단선구간은 훨씬 더 위험.
- 상행선, 하행선이 하나의 선로에서 운행

① 자동폐색식(Automatic Block System)

② 연동폐색식(Controlled Manual Block System)

③ 통표폐색식(Tablet Instrument Block System)(통표라는 운전허가증을 받아 A역에

서 B역까지 운전한 후 통표를 B역에 주는 방식)

[단선구간 폐색 종류]

단선구간은 훨씬 더 위험, 상행선, 하행선이 하나의 선로에서 운행
① 자동폐색식(Automatic Block System)
② 연동폐색식(Controlled Manual Block System)
③ 통표폐색식(Tablet Instrument Block System)
(통표라는 운전허가증을 받아 A역에서 B역까지 운전한 후 통표를 B역에 주는 방식

통표폐색식(Tablet Instrument Block System)

[폐색방식의 종류]

상용폐색방식	• 복선구간 : 자동, 연동, 차내신호폐색식
	• 단선구간 : 자동, 연동, 통표폐색식
대용폐색방식	• 복선운전 : 통신식, 지령식
	• 단선운전: 지도통신식, 지도식
폐색준용법	• 전령법, 무폐색운전

2) 대용폐색방식(Substitute Block System)

폐색장치의 고장 또는 기타의 사유로 인하여 상용폐색방식을 사용할 수 없을 때 상용폐색방식의 대용으로 사용하는 방식이다.

(1) 복선운전할 때

통신식

(2) 단선운전할 때

① 지도통신식

② 지도식

[대용폐색방식(Substitute Block System)]

폐색장치의 고장 또는 기타의 사유로 인하여 상용폐색방식을 사용할 수 없을 때 상용폐색방식의 대용으로 사용하는 방식이다.

(1) 복선운전 할 때
 (가) 통신식

(2) 단전운전 할 때
 (가) 지도통신식
 (나) 지도식

[대용폐색방식의 종류]

- 지령식: 관제사가 열차의 위치를 일일이 확인한 다음 모든 상황을 상황판으로 눈으로 지켜보며 지시를 내려 열차를 움직이는 지령식.
- 통신식: 폐색구간의 양쪽 역에 위치한 폐색전용 전화기를 이용해서 두 역장의 합의 하에 열차를 운행시키는 통신식.
- 지도통신식: 통신식과 똑같은 방법으로 합의를 본 다음 보안도를 높이기 위해서 지도권이라는 간이운전허가증을 사용하는 지도통신식.
- 지도식: 열차 사고나 선로 고장 현장에서 가장 가까운 역간을 폐색구간으로 잡고 '지도표'라는 운전허가증을 사용하는 지도식.

예제 **다음 중 대용폐색방식이 아닌 것은?**

가. 지령식
나. **전령법**
다. 지도식
라. 통신식

해설 대용폐색방식: 통신식(복선운전), 지도통신식(단선운전), 지도식(단선운전)

예제 **다음 중 복선구간에서 사용하는 폐색장치가 아닌 것은?**

가. **통표폐색장치**
나. 차내신호폐색장치
다. 연동폐색장치
라. 자동폐색장치

해설 통표폐색장치는 단선구간에서 사용한다.

예제 **다음 중 복선구간에서 주신호기의 고장 또는 기타 사유로 인하여 상용폐색방식을 시행할 수 없을 때 관제사 지시에 의하여 시행하는 대용폐색방식은?**

가. 지령식
나. 지도통신식
다. 통신식
라. 전령법

해설 지령식에 대한 설명이다.

예제 **다음 중 역장이 열차감시를 행하여야 하는 경우가 아닌 것은?**

가. 승객의 혼잡이 예상될 때
나. 자동폐색방식을 사용할 때
다. 첫차 및 막차가 정차할 때
라. 대용 수신호에 의해 열차를 취급할 때

해설 대용폐색방식 또는 전령법을 시행할 때 열차감시를 행하여야 한다.
- 자동폐색방식: 역과 역 사이에 신호기를 설치하여 1개 폐색구간을 여러 개의 폐색구간으로 나누어 1개 열차만 운행하던 것을 2개 이상의 열차를 운행할 수 있도록 한 폐색방식을 자동폐색방식이라고 한다.

3. 폐색장치의 구성 및 기능

1) 연동폐색식(과거에 주로 쓰이던 폐색방식)

- 역과 인접역간을 1폐색구간으로 하고, 폐색구간 양 끝에 폐색 취급버튼을 설치하여 이를 신호기와 연동시켜 신호현시와 폐색의 이중취급을 단일화(신호취급하고, 폐색 취급을 하나하나 하는 게 아니라 둘을 동시에 연동 취급)
- 연동폐색식 구간에 출발, 폐색 신호기 설치 시

[연동폐색식의 구비조건]

(1) 폐색구간에 열차가 있을 때에는 정지신호를 현시할 것(다른 열차에게 정지신호 현시)

(2) 장치에 고장이 났을 때는 정지신호를 현시할 것

(3) 단선운전 구간의 정거장에 있어서 출발하려고 하는 열차에 대하여 진행신호를 현시하였을 경우에는 반대방향의 신호기는 정지신호를 현시할 것

예제 **다음 중 양쪽 정거장에 폐색전건을 설치하여 신호현시와 폐색취급을 단일화한 방식은?**

가. 차내신호폐색식
나. 연동폐색식
다. 자동폐색식
라. 통표폐새식

해설 연동폐색식에 대한 설명이다.

2) 자동폐색식

[자동폐색식이란?]

- 역과 역 사이에 신호기를 설치하여 1개 폐색구간을 여러 개의 폐색구간으로 분할해서
- 종래 1개 열차만 운행하던 것을 2개 이상의 열차를 운행할 수 있도록 한 설비를 자동폐색장치라고 한다.
- 자동폐색장치는 폐색구간에 설치한 궤도회로를 이용하여 열차의 진행에 따라 자동적으로 폐색 및 신호가 동작
- 폐색구간의 시점에 설치된 폐색신호기는 열차가 그 구간에 있을 때에는 정지신호를 현시하지만 열차가 없을 때에는 주의 또는 진행 신호를 현시
- 신호와 폐색은 일원화되어 있으므로 인위적인 조작이 불가능

[자동폐색장치의 효과]

① 열차운행회수를 증가(열차의 선로용량을 증대시킬 수 있다. 연동폐색에서의 폐색구간은 1개이나 자동폐색에서는 여러 개의 구간으로 나눌 수 있다)
② 열차 안전도 향상(궤도회로 기반으로 정지, 주의 진행이 현시가 되므로 안전도를 높일 수 있다)
③ 합리적 열차 운용 가능

예제 **다음 중 일정한 폐색구간에 의하여 열차를 운행하는 방식은?**

가. 전호간격법
나. 통신간격법
다. 폐색간격법
라. 시간간격법

해설 일정한 간격을 두고 운행하는 방법으로는 시간간격법(Time Interval System)과 공간간격법(Space Interval System)이 있다.

예제 **다음 중 자동폐색장치의 효과가 아닌 것은?**

가. 열차운행횟수를 증가시킬 수 있다.
나. 자동폐색장치가 고장이 나도 열차를 운행할 수 있다.
다. 열차의 안전도를 향상시킬 수 있다.
라. 열차를 합리적으로 운용할 수 있다.

해설 **[자동폐색장치의 효과]**

① 열차운행회수를 증가시킬 수 있다.
② 열차의 안전도를 향상시킬 수 있다.
③ 열차를 합리적으로 운용할 수 있다.

예제 **다음은 폐색방식에 대한 설명이다. 가장 알맞게 표현된 사항은?**

가. 폐색구간: 폐색을 운용하기 위하여 일정하게 나누어진 구간
나. 대용폐색방식: 무폐색 운전을 말한다.
다. 전령법: 열차 운행중 단선운전구간에서 시행하는 폐색방식
라. 지령식: 복선구간에서 안전도가 가장 높은 폐색방식

해설 대용폐색방식: 폐색장치의 고장 등으로 상용폐색방식을 시행할 수 없을 때 상용폐색방식의 대용으로 사용하는 방식이다. 따라서 대용폐색방식은 폐색이 없는 무폐색운전방식이다.

예제 **도시철도폐색방식 중 보안도가 제일 낮은 것은?**

가. 지령식
나. 통신식
다. 차내신호 폐색식
라. 전령법

해설 전령법: 더 이상 상용, 대용폐색방식을 적용할 수 없는 구간을 운행하는 열차에 전령자를 동승시켜 폐색에 준하는 폐색방식을 시행. 전령자가 통표 역할을 하게 되므로 사고에 대한 위험부담이 커지게 되어 보안도가 낮을 수밖에 없다.

예제 다음중 1폐색구간 2 이상의 열차를 운전 할 수 없는 경우는?

가. 무폐색 운전
나. 전령법 운전
다. 지령운전
라. 폐색구간내에서 열차분할 운전

해설 폐색구간에서 열차분할 운전할 경우 1폐색구간에 2 이상의 열차를 운전할 수 없다.

예제 선후행 열차 상호간의 위치 및 속도를 무선 신호 전송 매체에 의하여 파악하고 차상에서 직접 열차 운행 간격을 조정함으로써 열차 스스로 이동하면서 자동 운전이 이루어지는 폐색 방식은 다음 중 어느 것인가?

가. 자동폐색방식
나. 고정폐색방식
다. 이동폐색방식
라. 차내신호폐색방식

해설 이동폐색방식이다.

예제 폐색방식 설명 중 맞지 않는 것은?

가. 고정 폐색방식에는 시간간격법과 공간간격법이 있다.
나. 시간간격법은 후속열차는 선행열차위치에 관계없이 일정한 시간이 되면 출발하는 것이다.
다. 이동 폐색 방식은 궤도회로구간이 이동하는 방식이다.
라. 공간간격법은 폐색구간이 길수록 보안도가 향상된다.

해설 이동폐색방식은 궤도회로구간이 이동하는 것이 아니고, 열차운행간격을 조정함으로써 열차 스스로가 이동하는 폐색방식이다.

[학습코너] 폐색장치의 종류

- 고정폐색장치(FBX : Fixed Block System)
  역과 역 사이를 1개 구역(폐색)으로 분할하고 역 사이에 1개 열차만 운행할 수 있는 신호장치(초기폐색장치)

- 자동폐색장치(ABS : Automatic Block System)
  역과 역 사이를 다수구역(폐색)으로 분할하고 구역마다 설치된 신호기가 자동적으로 속도를 지시하여 열차운행 밀도가 향상된 신호장치

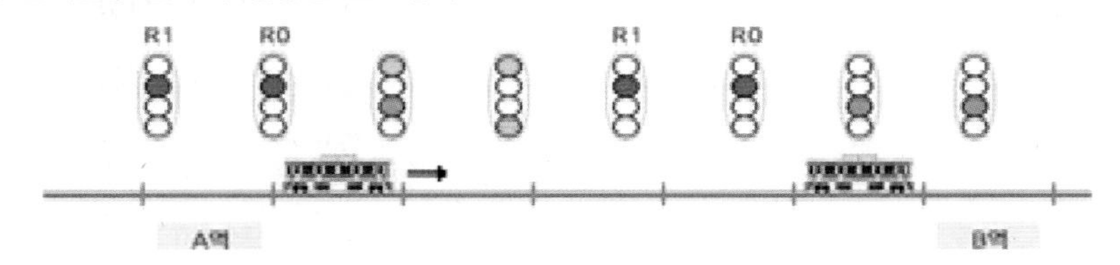

- 이동폐색장치(MBS : Moving Block System)
  역과 역 사이를 구역으로 분할하지 않고 선행열차와 후속열차가 상호위치 등 운행정보를 송수신하여 후속열차가 선행열차를 최대한 접근 가능토록 하여 고밀도 운전이 가능한 신호장치

예제 **자동폐색구간의 신호기에 서행허용표지를 첨장하는 구간으로 적당한 것은?**

가. 1/1000 이상의 상구배 나. 10/1000 이하의 상구배

다. 0/1000 이상의 하구배 라. 10/1000 이하의 하구배

해설 10/1000 이상의 상구배에서 서행허용 표지를 첨장하는 구간으로 적당하다.

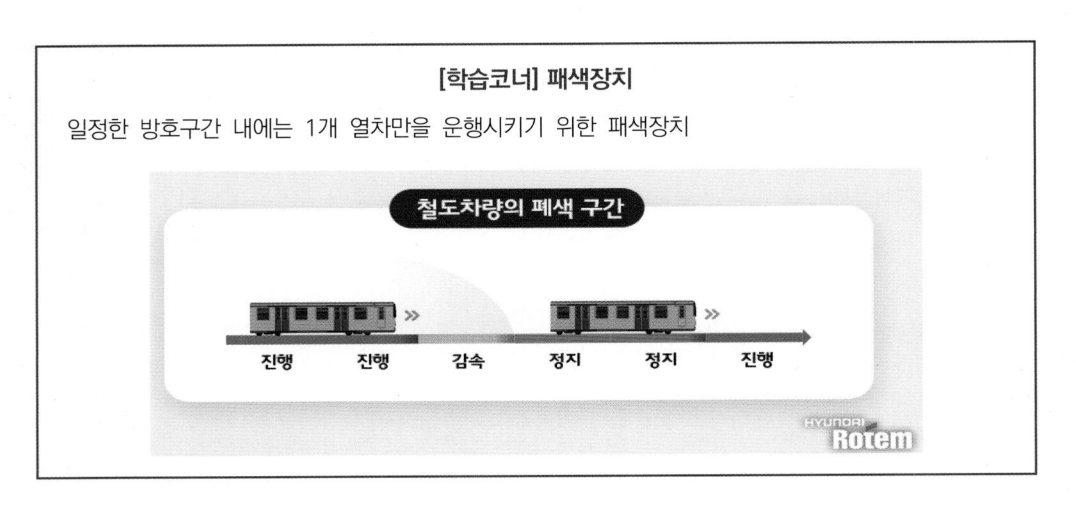

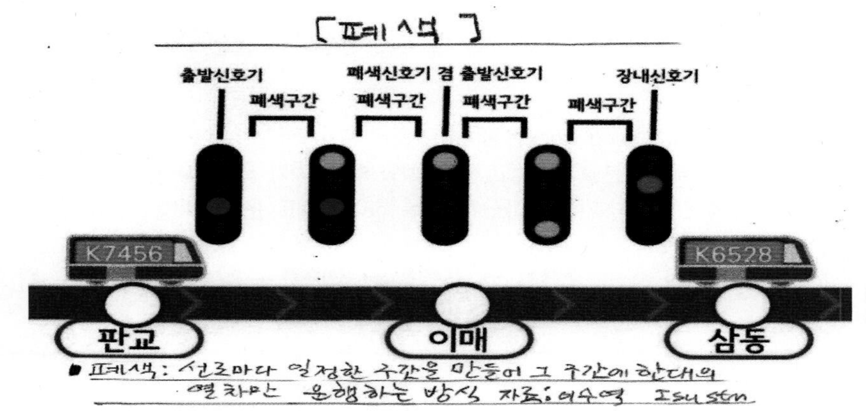

[폐색구간이란?]

철도에서 하나의 열차만을 운행할 수 있는 선로 구간을 말한다. 즉, 열차의 충돌을 방지하기 위해 일정 거리 안에 한 대 이상의 열차가 동시에 진입할 수 없도록 분할한 것이다.

[자동폐색식 개념도]

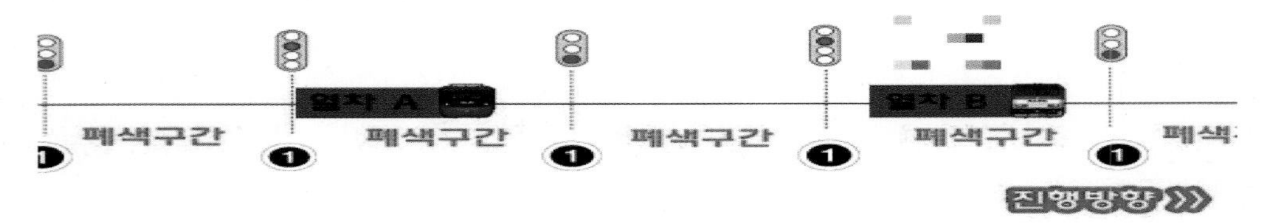

[학습코너]

자동폐색구간

- 과거에 단선구간에 주로 사용했던 통표폐색방식으로는 역과 역 사이에 1개 열차만 들어갈 수 있었다.
- 자동폐색장치를 사용하게 됨에 따라 역과 역 사이에 있는 여러 개의 폐색구간에 각각 1개 열차가 들어갈 수 있어서 새로운 선로의 건설 없이도 수송능력은 엄청나게 증가한 결과를 가져왔다.

이동폐색(Moving Block System)에서는 열차의 위치와 속도까지 파악

- 그런데 지금까지의 신호시스템은 어떤 폐색구간에 열차가 들어가 있는지 없는지만을 알 수 있을 뿐 선행열차의 속도를 알 수 없다.
- 만약 앞 열차의 위치뿐만 아니라 속도도 알 수 있어 선행열차의 속도에 따라 후속 열차가 적절히 가감속한다면 선로를 더욱 효과적으로 사용할 수 있을 것이다.

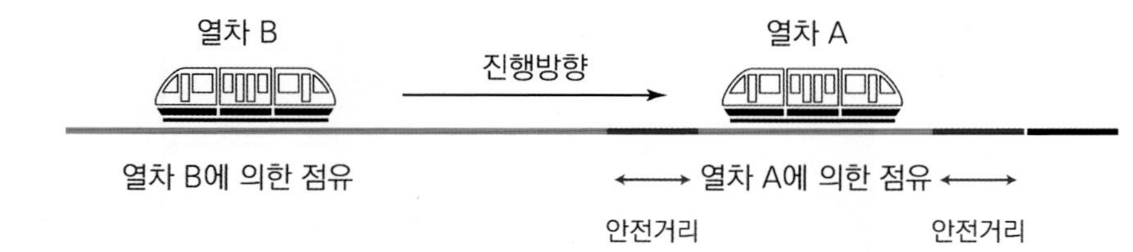

- 최근에는 열차의 이동에 따라 폐색구간도 수시로 이동하는 Moving Block System, 즉 인공위성을 이용한 열차위치 및 속도파악 시스템 등을 활용하고 있다(철도산업정보센터).

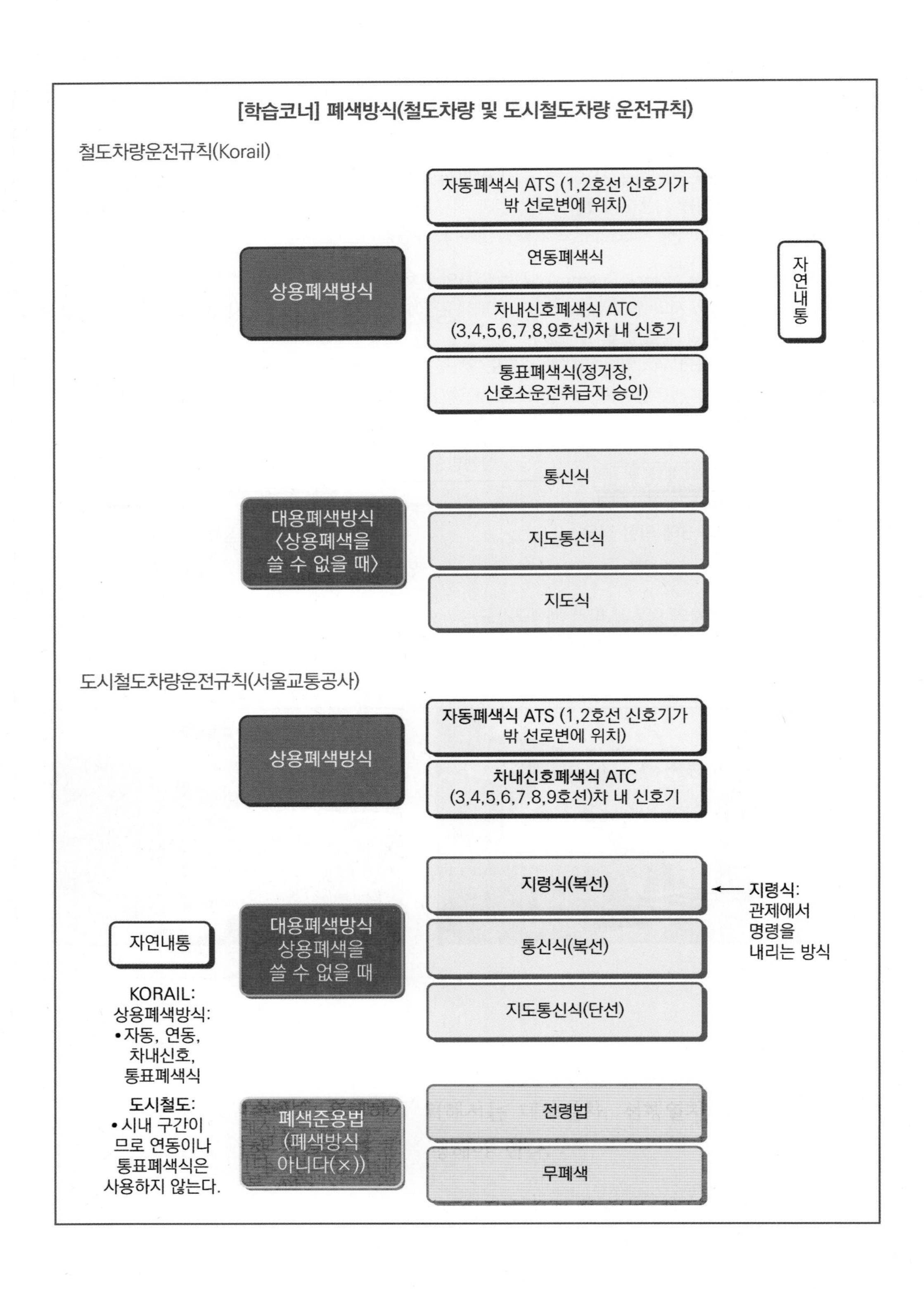
[학습코너] 폐색방식(철도차량 및 도시철도차량 운전규칙)
철도차량운전규칙(Korail)
상용폐색방식
자동폐색식 ATS (1,2호선 신호기가 밖 선로변에 위치)
연동폐색식
차내신호폐색식 ATC (3,4,5,6,7,8,9호선)차 내 신호기
통표폐색식(정거장, 신호소운전취급자 승인)
자연내통
대용폐색방식 〈상용폐색을 쓸 수 없을 때〉
통신식
지도통신식
지도식
도시철도차량운전규칙(서울교통공사)
상용폐색방식
자동폐색식 ATS (1,2호선 신호기가 밖 선로변에 위치)
차내신호폐색식 ATC (3,4,5,6,7,8,9호선)차 내 신호기
대용폐색방식 상용폐색을 쓸 수 없을 때
지령식(복선)
통신식(복선)
지도통신식(단선)
지령식: 관제에서 명령을 내리는 방식
자연내통
KORAIL: 상용폐색방식:
• 자동, 연동, 차내신호, 통표폐색식
도시철도:
• 시내 구간이므로 연동이나 통표폐색식은 사용하지 않는다.
폐색준용법 (폐색방식 아니다(×))
전령법
무폐색

예제 **대용폐색방식을 시행할 때의 폐색구간의 경계로 맞는 것은?**

가. 지령식: 정거장 내외의 경계

나. 통신식: 운영사령이 지정하는 구간

다. 지도통신식: 운영사령이 지정하는 정거장 내외의 경계

라. 지도통신식: 정거장간에서 다음의 폐색 경계표지 설치지점까지

해설 지도통신식은 운영사령이 지정하는 정거장 내외의 경계를 폐색구간으로 설정한다.

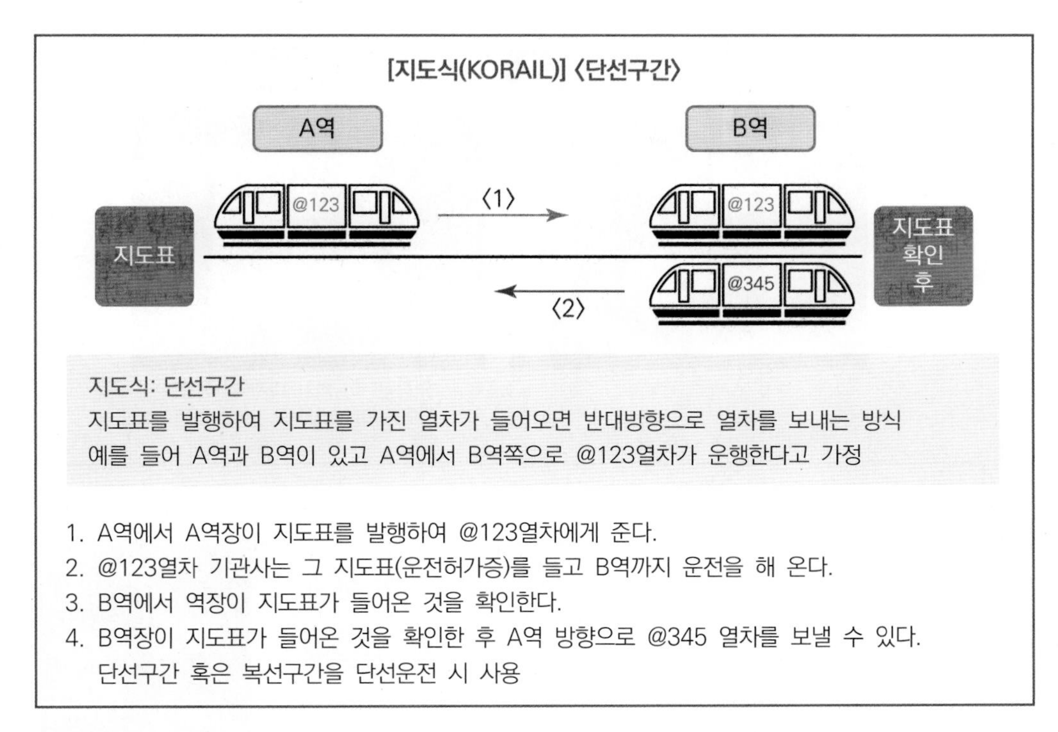

지도식: 단선구간
지도표를 발행하여 지도표를 가진 열차가 들어오면 반대방향으로 열차를 보내는 방식
예를 들어 A역과 B역이 있고 A역에서 B역쪽으로 @123열차가 운행한다고 가정

1. A역에서 A역장이 지도표를 발행하여 @123열차에게 준다.
2. @123열차 기관사는 그 지도표(운전허가증)를 들고 B역까지 운전을 해 온다.
3. B역에서 역장이 지도표가 들어온 것을 확인한다.
4. B역장이 지도표가 들어온 것을 확인한 후 A역 방향으로 @345 열차를 보낼 수 있다.
   단선구간 혹은 복선구간을 단선운전 시 사용

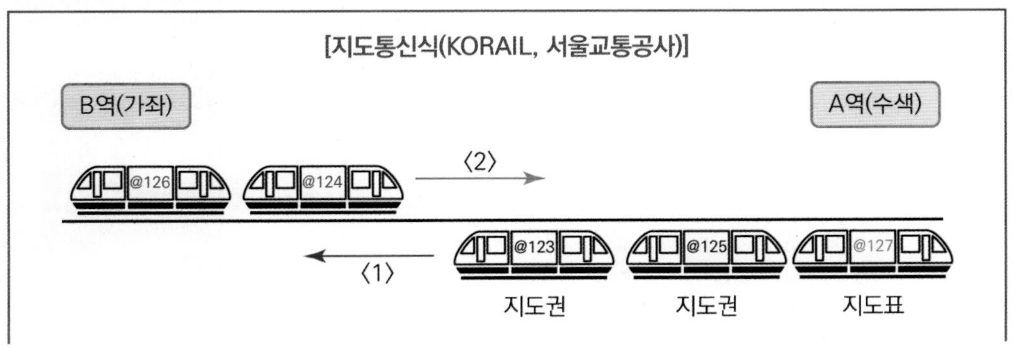

지도통신식:
한 방향으로 더 많은 열차를 보낼 수 있는 장점이 있다.
A역에서 B역으로 123 125 127 열차가 있고 B역에서 A역으로 124 126 열차가 있다고 가정하면

1. 123 125 열차는 지도권을 가지고, 127 열차는 지도표를 가지고 B역 방향으로 온다.
2. 127 열차를 통해 지도표가 B역에 도착하면 "역장님! 이 차가 마지막차에요. 지도표 여기 있어요. 받으세요" 그러면 B역장은 "아 이제 모든 열차가 다 왔구나!! 이제 A역 쪽으로 열차를 보내도 좋다"

✓ 지도통신식은 지도식에 비해 많은 열차를 보낼 수 있다.

@123 @125

@127

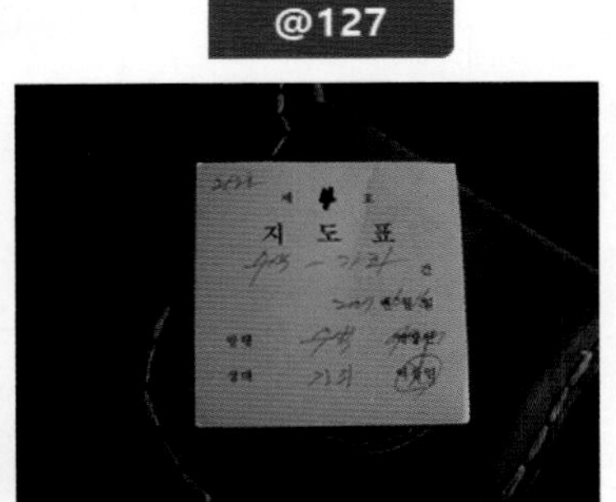

"역장님! 이 차가 마지막차에요.
지도표 여기 있어요. 받으세요"

[전령법]

- 전령법은 폐색준용법(閉塞準用式)의 하나이다.
- 응급적인 열차의 상용폐색 및 대용폐색을 사용할 수 없을 경우에 이에 준하여 열차의 안전을 도모하는 열차 운행 방법
- 전령법은 1명의 계원을 전령자로 지정하고, 이 사람이 사실상의 통표 역할을 하여 열차에 첨승해 운행하는 방식을 의미
- 전령자는 전령임을 나타내는 표식(완장 등)을 착용하여야 하며, 전령자가 탄 열차 이외에 해당 구간에는 열차를 운행할 수 없다.
- 또한, 전령법은 유일하게 특정 구간에 투입되었다가 되돌아 나오는 운행을 하는 경우에 쓰이는 방식
- 전령법은 따라서 폐색구간에 이미 열차가 사고로 멈춰서 있는 경우 그 구간을 위해서 투입되는 구원열차의 운행에 특히 적용
- 이 경우 전령자는 사고 열차의 위치 등을 확인, 인지하여 구원열차에 첨승하여 해당 구간에 투입되어야 한다.
- 이렇게 투입된 전령자는 사고열차를 출발한 역으로 다시 견인해 오게 됨으로서 임무를 마치게 된다.

예제 **다음 중 대용폐색방식이 아닌 것은?**

가. 지령식
나. 전령법
다. 지도식
라. 통신식

해설 대용폐색방식: 통신식(복선운전), 지도통신식(복선운전), 지도식(단선운전)

예제 **다음 중 복선구간에서 사용하는 폐색장치가 아닌 것은?**

가. 통표폐색장치
나. 차내신호폐색장치
다. 연동폐색장치
라. 자동폐색장치

해설 통표폐색장치는 단선구간에서 사용한다.

예제 **다음 중 복선구간에서 주신호기의 고장 또는 기타 사유로 인하여 상용폐색방식을 시행할 수 없을 때 관제사 지시에 의하여 시행하는 대용폐색방식은?**

가. 지령식
나. 지도통신식
다. 통신식
라. 전령법

해설 지령식에 대한 설명이다.

예제 **다음 설명 중 틀린 것은?**

가. 일정한 거리를 두는 1폐색구간에서는 반드시 1개 열차만 운행하도록 한다.
나. 이동폐색방식이란 일정한 공간을 두고 일정 구역을 정하여 1개 열차만을 운행하는 방식이다.
다. 상용폐색방식에는 자동폐색식, 연동폐색식, 차내신호폐색식, 통표폐색식이 있다.
라. 대용폐색방식에는 통신식, 지령식, 지도통신식, 지도식이 있다.

해설 이동폐색방식: 궤도회로 없이 선후행 열차 상호간의 위치 및 속도를 무선신호 전송매체에 의하여 파악한다. 차상에서 직접 열차운행 간격을 조절함으로써 열차 스스로 이동하면서 자동운전이 이루어지는 방식이다. 따라서 이동폐색방식에서는 정해진 폐색구간이 없다.

제5절 연동장치

1. 연동장치

[연동장치(Interlocking)]

신호기와 선로전환기 등을 상호 연쇄

[연동장치(Interlocking)]

- 그림에서 정차장 외축으로부터 1번선에 열차를 진입시키려면 1번선 장내신호기를 진행으로 하고, 2번선 장내신호기를 정지로 한다.
- 전철기를 1번선의 진로로 개통시킨다. 동시에 2번선 장내 신호기는 진행신호를 나타낼 수 없도록 한다.
- 즉 1번선 장내 신호기 및 2번선 장내 신호기 전철기들의 상호간에 기계적 · 전기적으로 상호연쇄(Interlocking)시켜 작동하는 장치가 연동장치이다(참고-철도산업정보센터)

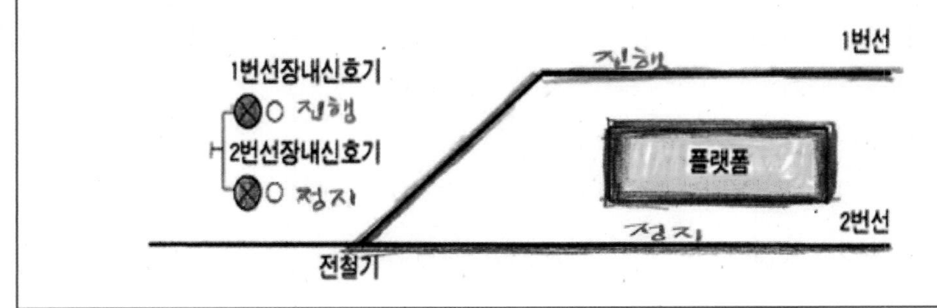

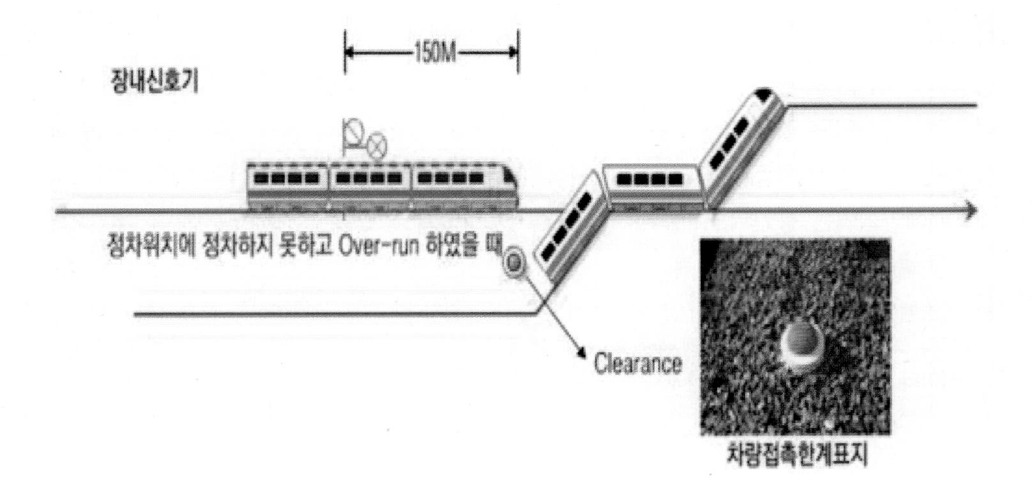

예제 **다음 중 신호기, 선로전환기 등의 상호간에 기계, 전기, 전자적인 방법으로 연쇄를 맺어주는 장치는?**

가. 폐색장치 **나. 연동장치**

다. 신호기장치 라. 열차집중제어장치

해설 연동장치: 연동장치는 정차장 구내에 열차의 운행과 입환을 안전하고 신속하게 해주기 위해 신호기, 선로전환기, 궤도회로 등의 장치를 기계적, 전기적, 전자적으로 상호연쇄하여 동작하도록 한 장치이다.

예제 **다음 중 전자연동장치의 기본 조건이 아닌 것은?**

가. 연동장치 고장 시 선로전환기 단독 전환 등 열차운행 조건을 자동으로 확보할 수 있어야 한다.

나. 열차 충돌과 탈선방지를 위하여 열차안전운행에 대한 책임을 가져야 한다.

다. 각 장치의 조작이 간단해야 한다.

라. 자동으로 열차에 대한 진로 구성이 가능해야 한다.

해설 전자연동장치: 시스템의 일부분이 고장 시에도 전체 시스템에 이상이 없어야 하며 단독 전환을 시행해서는 안 된다.

1) 신호기 상호 간의 연쇄

- 신호기, 선로전환기, 궤도회로등의 장치를 기계적, 전기적, 또는 전자적으로 상호 연쇄하여 동작하도록 한 장치(선로전환기가 정위라면 신호기도 같은 방향으로 현시해 주어야 한다.)
- 선로전환기나 신호기의 조작을 잘못한다 하더라도 일정한 순서에 의해서만 동작하고 인위적으로나 잘못된 조작에는 쇄정을 하여 조작되지 않도록 연쇄

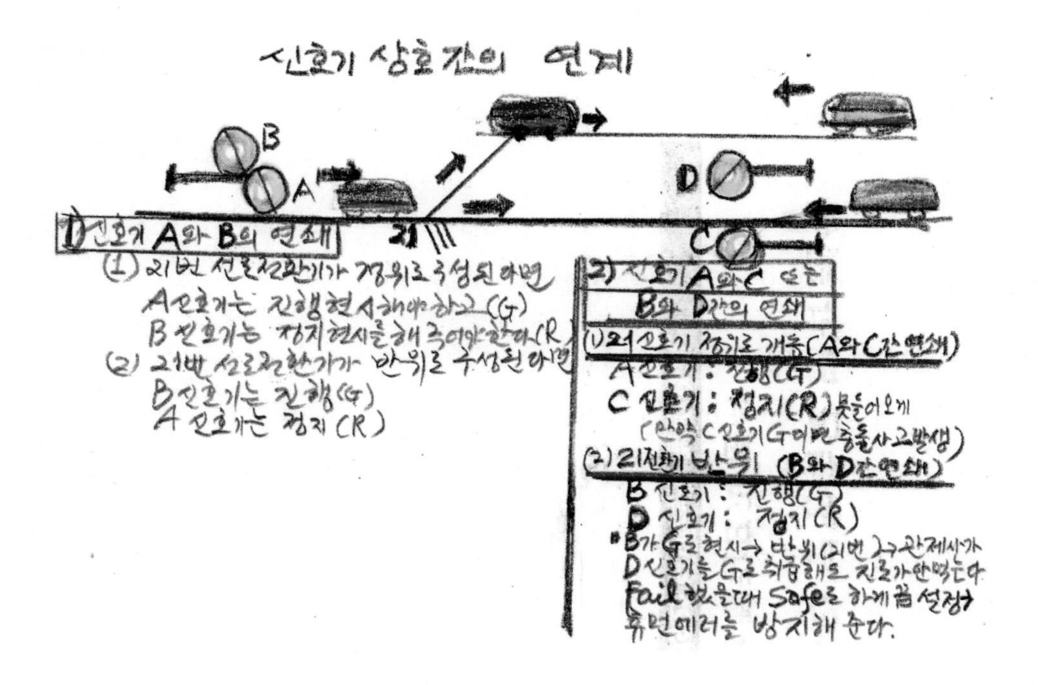

(1) 신호기 A와 B의 연계

- 신호기 A는 21호 선로전환기가 정위시에는 진행신호 현시
- 신호기 B는 21호 선로전환기가 반위시에는 진행신호 현시
- 따라서 신호기A 또는 B는 21호 선로전환기에 의하여 간접쇄정됨

(2) 신호기 A와 C 또는 B와 D간의 연계

신호기 A와 C 또는 B와 D는 해당진로가 대향이므로 한 개의 신호기가 진행을 현시하면 다른 신호기는 진행할 수 없도록 쇄정

2) 선로전환기 상호간의 연쇄

[신호기와 선로전환기의 연쇄]

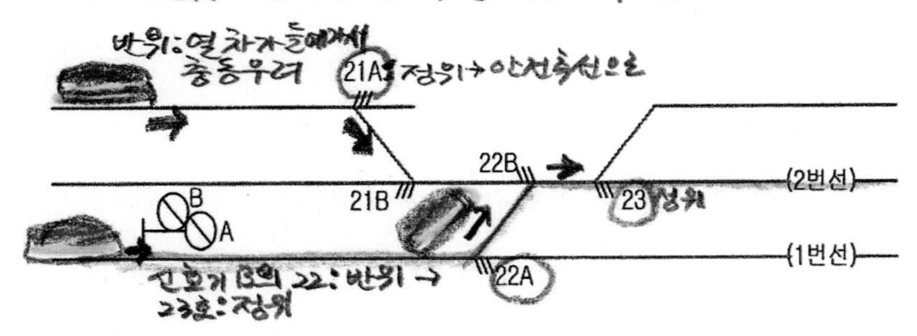

- 신호기 A는 1번선, 신호기 B는 2번선으로 진입
- 2호 선로전환기를 정위로 전환하면 진로가 1번선으로 개통
- 신호기 A의 취급버튼을 반위(반위는 진행)(정위는 정지: 열차충돌 방지하려면)로 하면 22호 선로전환기는 정위로 쇄정
- 신호기 B의 진로 상에 있는 선로전환기 22호 반위, 23호 정위로 하고 진로 외의 선로전환기 21호를 정위로 하여 신호기B 취급버튼을 반위로 하면 선로전환기 22, 23, 21호가 현 상태에서 쇄정
- 선로전환기 22호가 반위로 쇄정되어 있을 때 신호기 A의 취급버튼을 반위로 하여도 다른 진로이므로 진로 구성이 안 됨
  (관제사가 A에 진행신호를 내더라도 진로가 개설되지 않는다. 왜? 22호가 반위로 쇄정이 되어 있으므로 정위방향으로 갈 수 없게 만들어 놓은 것이다.)

3) 선로전환기 상호 간의 연쇄

- 22선로전환기를 반위로 하는 것은
- A → C 또는 C → A 간에 진로를 설정하기 위한 것으로
- 21선로전환기는 정위

[선로전환기 상호간의 연쇄]

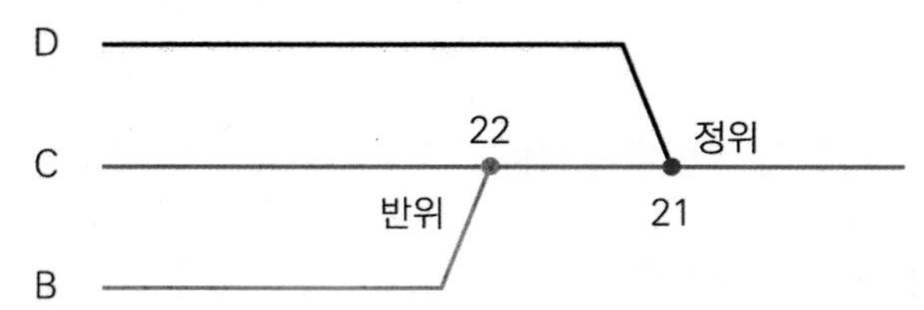

예제 다음 중 신호기, 선로전환기 등의 상호 간에 기계, 전기, 전자적인 방법으로 연쇄를 맺어주는 장치는?

가. 폐색장치
나. 연동장치
다. 신호기장치
라. 열차집중제어장치

해설 연동장치에 대한 설명이다.

예제 다음 중 연동장치의 연쇄의 기준이 아닌 것은?

가. 신호기와 선로전환기 상호간의 연쇄
나. 선로전환기 상호간의 연쇄
다. 궤도회로 상호간의 연쇄
라. 신호기 상호간의 연쇄

해설 연쇄의 기준: 신호기 상호간, 신호기와 선로전환기 상호간의 연쇄, 선로전환기 상호간의 연쇄

예제 다음 중 전자연동장치의 기본 조건이 아닌 것은?

가. 연동장치 고장 시 선로전환기 단독 전환 등 열차운행 조건을 자동으로 확보할 수 있어야 한다.
나. 열차 충돌과 탈선방지를 위하여 열차안전운행에 대한 책임을 가져야 한다.
다. 각 장치의 조작이 간단해야 한다.
라. 자동으로 열차에 대한 진로 구성이 가능해야 한다.

해설 연동장치시스템의 일부분이 고장 시에도 전체 시스템에 이상이 없어야 하며 단독 전환을 시행해서는 안 된다.

예제 다음 중 전자연동장치의 기본 기능이 아닌 것은?

가. 진로해정
나. 진로의 연속제어
다. 전철제어
라. 진로제어

해설 전자연동장치 기본기능: 진로제어, 진로해정, 진로연속제어, 진로취소

예제 다음 중 전자연동장치의 장점에 관한 설명으로 틀린 것은?

가. 소량의 통신케이블에 의해 설비를 제어한다.
나. 자기진단기능을 갖추고 있어 효율적 장치 관리가 가능하다.
다. 적은 비용으로 시스템의 다중화 기능을 한다.
라. 연동장치 본체 및 현장 신호설비 동작을 주기적으로 감시한다.

해설 연동장치 본체 및 신호설비의 동작을 상시 감시한다.

예제 다음 중 연동장치의 연쇄의 기준이 아닌 것은?

가. 신호기와 선로전환기 상호간의 연쇄
나. 선로전환기 상호간의 연쇄
다. 신호기 상호간의 연쇄
라. 궤도회로와 선로전환기 상호간의 연쇄

해설 **[연동장치의 연쇄의 기준]**

(1) 신호기 상호 간의 연쇄: 신호기, 선로전환기, 궤도회로등의 장치를 기계적, 전기적, 또는 전자적으로 상호 연쇄하여 동작하도록 한 장치(선로전환기가 정위라면 신호기도 같은 방향으로 현시해 주어야)
(2) 신호기와 선로전환기 상호간의 연쇄
(3) 선로전환기 상호간의 연쇄

예제 전기 연동 장치와 비교할 때, 전자 연동 장치의 특징으로 옳지 않은 것은?

가. 소형, 경량이다.
나. 이중 출력으로 시스템 운용에 영향없이 모듈 교체가 가능하다.
다. 역구내 선로 모양 변경 시 많은 경비와 시간이 소요된다.
라. 데이터 분석으로 고장 진단 및 예방 점검이 가능하다.

해설 역조건의 변동 시 데이터만 수정하면 되고, 연동장치는 계속 사용할 수 있다.

2. 쇄정의 종류(방법) (쇄정: 안전하게 잠긴다)

[전기쇄정법]

① 조사쇄정
② 표시쇄정
③ 철사쇄정
④ 진로쇄정
⑤ 진로구분쇄정
⑥ 접근쇄정
⑦ 보류쇄정
⑧ 시간쇄정

1) 조사쇄정(일정거리 내 쇄정)

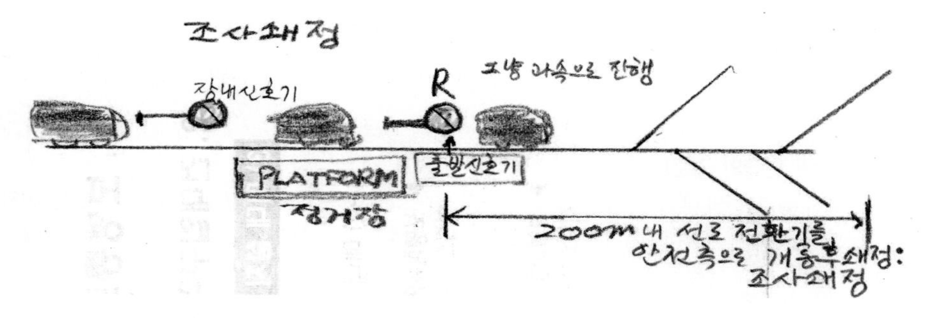

- 장내 진로를 취급할 때 장내에 진입하는 열차가 그 전방에 있는 출발신호의 정지를 무시하고 과주할 경우를 감안하여(대비하여) 안전 확보를 위해
- 출발신호 전방 일정거리(비상제동거리 약 200m) 내에 있는 선로전환기를 안전 측으로 개통 쇄정하는 것을 말한다.

2) 표시쇄정(일정시간 내 쇄정)

- 표시쇄정은 정지 정위인 신호기가

– 정지로 복귀되어 표시가 확인될 때까지 관계진로가 쇄정되는 것을 말한다.
– 신호기가 진행에서 정지로 복귀되면 선호전환기가 정지로 전환되는 시간이 걸리고, 선로전환기가 돌아가서 신호기가 현시가 되고, 그 것이 운전표시반에 뜰 때까지 일정시간이 소요된다.
– 그 시간 내에 다른 선로전환기를 돌린다고 해도 돌아가지 않는다.
– 즉, 표시가 될 때까지 쇄정하는 것을 표시쇄정이라고 한다.

3) 철사쇄정(detector locking) (궤도회로)

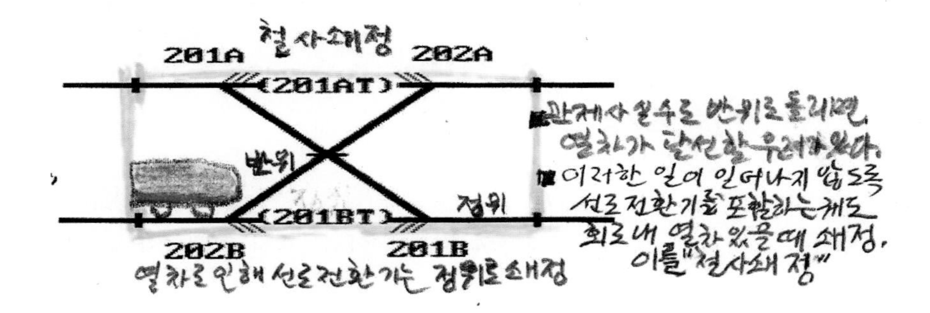

– 철사 쇄정은 선로전환기를 포함하는 궤도회로에 열차(차량)가 있을 때
– 열차에 의하여 그 선로전환기가 전환되지 않도록 쇄정함을 말한다.

예제 **전철기가 포함된 궤도회로 구간에 열차 또는 차량이 점유할 때, 그 궤도회로 조건에 의하여 전철기가 전환되지 않도록 쇄정하는 것을 무엇이라 하는가?**

가. 철사쇄정 나. 진로쇄정
다. 접근쇄정 라. 보류쇄정

해설 철사쇄정: 열차의 점유, 즉 궤도회로의 단락으로 인하여 선로전환기가 전환되지 않도록 쇄정하는 방식이다.

예제 **다음 중 선로전환기의 도중 전환을 방지하기 위하여 선로전환기를 포함하는 궤도회로내에 열차 또는 차량이 있을 때 선로전환기가 전환되지 않도록 하는 쇄정으로 맞는 것은?**

가. 진로쇄정 나. 표시쇄정
다. 철사쇄정 라. 조사쇄정

해설 철사쇄정에 대한 설명이다.

4) 진로 쇄정(Route Locking) (차량진입 시 통과 시까지 쇄정)

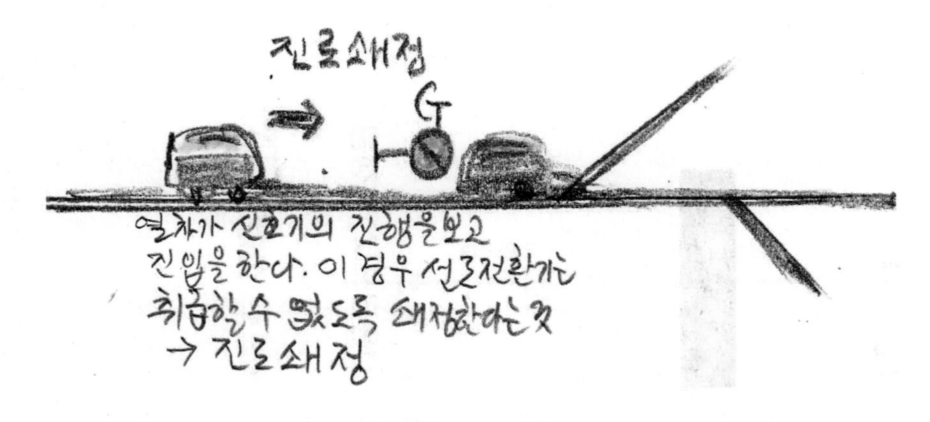

- 진로 쇄정은 신호기 또는 입환표지등의 현시에 의해 그 진로에 열차 또는 차량이 진입하였을 때
- 관계 선로전환기를 포함한 궤도회로를 통과할 때까지 그 선로전환기가 전환되지 않도록 쇄정하는 것이다.

예제 **다음 중 신호기의 진행신호에 의해 그 진로에 열차가 진입하였을 때 관계 선로전환기를 포함한 궤도회로를 통과할 때까지 선로전환기가 전환되지 않도록 쇄정하는 것으로 맞는 것은?**

가. 접근쇄정　　　　나. **진로쇄정**
다. 철사쇄정　　　　라. 보류쇄정

해설 진로쇄정에 대한 설명이다.

5) 진로구분쇄정(Sectional Route Locking)(구간 내 쇄정장치 순차적 해정)

[진로구분쇄정]

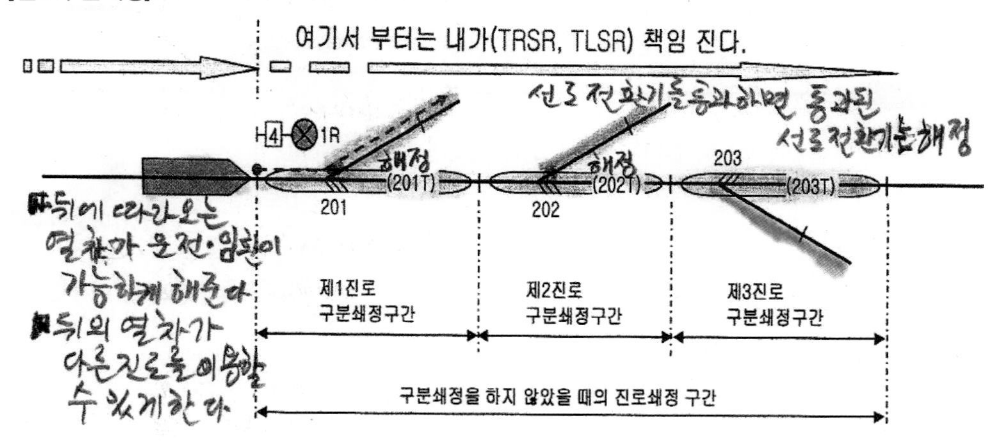

- 진로 구분 쇄정은 여러 개의 궤도회로로 구분하여 열차 또는 차량이 구분되어 있는 구간을 벗어날 때마다
- 그 구간 내에 있는 선로전환기 쇄정장치를 순차로 해정시켜 다른 열차의 운전 또는 차량의 입환 등에 사용할 수 있도록 한 것
- 후속열차의 진입을 빠르게 하기 위함

6) 접근 쇄정(Approach Locking)(일정시간 경과까지는 선로전환기 쇄정유지)

[접근쇄정]

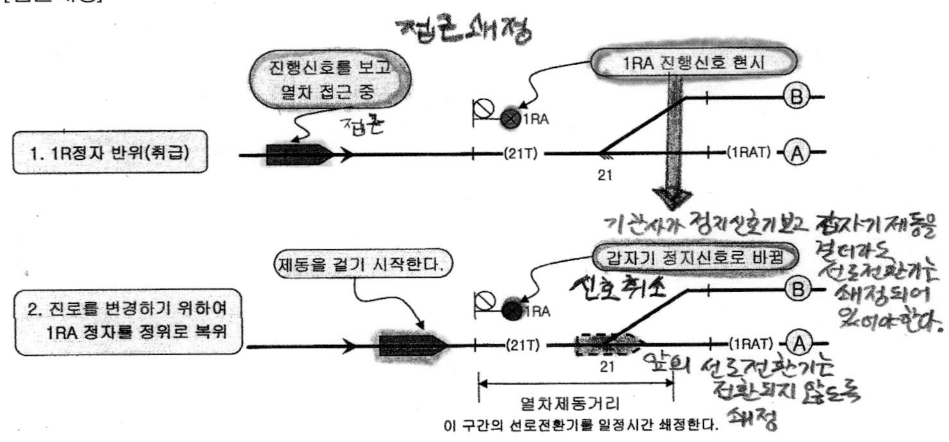

[접근쇄정구간과 진로쇄정구간]

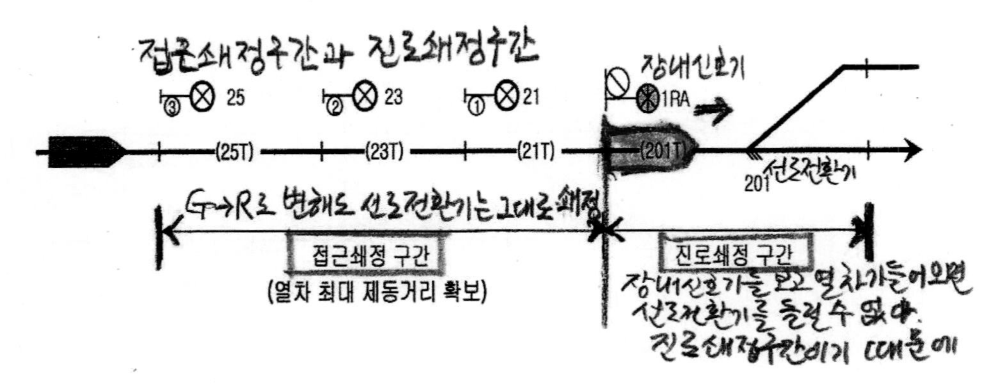

– 접근 쇄정은 장내 신호기에 진행신호를 현시하고 있을 때
– 그 신호기의 외방 일정구간(접근구간)에 열차가 진입하고 있거나 정차하고 있을 경우에는
– 그 신호를 취소하여도 열차가 해당 신호기 내방으로 진입하거나 신호기를 정지 현시한 후 상당 시분이 경과할 때까지는
– 열차에 의하여 그 진로상의 선로전환기가 전환되지 않도록 쇄정

[접근쇄정의 해정조건]

① 접근궤도회로에 열차가 없을 경우 즉시 해정

② 열차가 있을 경우 신호기 내방에 또는 해당 신호기에 정지 신호현시

예제 **다음 중 신호기에 진행을 지시하는 신호를 현시하고 그 신호기의 외방 일정구간에 열차가 진입하였을 경우 상당 시분이 경과하기까지는 열차에 의하여 진로의 선로전환기 등을 전환할 수 없도록 쇄정하는 것은?**

가. 조사쇄정 **나. 접근쇄정**

다. 보류쇄정 라. 진로쇄정

해설 접근쇄정에 대한 설명이다.

7) 보류 쇄정(Stick Locking)(일정시간 해정 못하도록)

- 신호기 외방에 접근궤도가 없는 구간에서
- 신호기의 진행을 지시하는 신호를 현시하였다가 해정 시 일정기간 동안 해정할 수 없도록 하는 쇄정으로
- 해정방법은 열차 또는 차량이 해당신호가 내방으로 진입하든지 아니면 일정시간이 경과 후 해정하도록 하는 쇄정
- 어느 정도 보류할 수 있는 시간을 둔다는 의미
- 보류쇄정의 해정시간은 접근쇄정의 해정시간에 준한다.

예제 **신호기 외방에 접근궤도가 없는 구간에서 신호기에 진행을 지시하는 신호를 현시하였다가 해정시 일정시간 동안 해정할 수 없도록 하는 쇄정은?**

가. 접근쇄정 **나. 보류쇄정**
다. 진로쇄정 라. 철사쇄정

해설 보류쇄정에 관한 설명이다.

예제 **다음 쇄정방식 중 틀린 것은?**

가. 조사쇄정은 출발신호 전방 일정거리(비상제동거리 약 200m) 내에 있는 선로전환기를 안전 측으로 개통 쇄정하는 것이다.
나. 표시쇄정은 정지정위인 신호기가 정지로 복귀되어 표시가 확인될 때까지 관계진로가 쇄정되는 것을 말한다.
다. 철사 쇄정(detector locking)은 선로전환기를 포함하는 궤도회로에 열차(차량)가 있을 때 열차에 의하여 그 선로전환기가 전환되지 않도록 쇄정함을 말한다.
라. 접근쇄정(approach locking)은 열차가 그 진로에 완전히 진입할 때까지 선로전환기를 쇄정하는 것이다.

해설 접근쇄정: 신호기의 외방 일정구간(접근구간)에 열차가 진입하고 있거나 정차하고 있을 경우에는 그 신호를 취소하여도 열차가 해당 신호기 내방으로 진입하거나 신호기를 정지 현시한 후 상당 시분이 경과할 때까지는 열차에 의하여 그 진로상의 선로전환기가 전환되지 않도록 쇄정

예제 **다음 중 신호기 외방에 접근궤도가 없는 구간에서 신호기에 진행을 지시하는 신호를 현시 한 후 해정시 일정기간 동안 해정할 수 없도록 하는 쇄정은?**

가. 표시쇄정
나. 접근쇄정
다. 보류쇄정
라. 조사쇄정

해설 보류쇄정에 대한 설명이다.

예제 **다음에 들어갈 말을 바르게 짝지은 것은?**

- 한번 설정된 진로는 열차가 그 구간을 완전히 통과할 때까지 어떠한 오취급에도 진로변화가 일어날 수 없도록 묶어두는 것을 (㉠)이라 하고, 한 진로를 확보하기 위해 신호기나 전철기를 조작하는 순서에 따라 다른 것을 (㉠)하고 또한 그것에 의해 (㉠)되는 상호 (㉠)관계를 (㉡)라 한다.
- 그러한 (㉠)과 (㉡)를 행하는 모든 관계를 (㉢)이라 한다.

가. ㉠ 쇄정 ㉡ 연쇄 ㉢ 연동
나. ㉠ 쇄정 ㉡ 연동 ㉢ 연쇄
다. ㉠ 연쇄 ㉡ 쇄정 ㉢ 연동
라. ㉠ 연동 ㉡ 쇄정 ㉢ 연쇄

예제 **다음 중 상호 대향의 신호기를 동시에 진입 시 중대사고를 방지할 수 있는 쇄정방법은?**

가. 정위쇄정
나. 정반위쇄정
다. 반위쇄정
라. 편위쇄정

해설 정위쇄정에 대한 설명이다.

제6절 열차자동정지장치(ATS)

1. ATS 작동원리

- 선행열차의 열차 위치를 파악하여 후속 열차에 대한 안전한 운행속도를 지상신호기를 통하여 승무원 기관사에게 지시하고 과속 시 ATS가 작동
- 궤도회로의 길이를 200~600m로 구분하여 열차위치 검지(궤도회로의 길이: 폐색구간의 길이) 궤도를 전기회로의 일부분으로 활용한다.
- 폐색구간은 궤도회로가 만들어지면서 가능해졌다고 볼 수 있다. 열차가 폐색구간을 진입하면 열차 축에 의해 궤도회로가 단락이 된다. 열차가 점유하는 것을 알 수 있게 된다. 하나의 열차의 길이가 20m이므로 10량이면 200m에 달하므로 200m는 최소 길이로 보면 된다.
- 선행열차와의 거리에 따라 지상신호에 주의, 감속, 정지 등의 신호를 현시
- 신호기 내방 2m, 외방 6m 정도 사이에 설치된 ATS지상자에 신호조건 연계('주의'이면 주의 신호를 쏴주고, '정지'이면 정지신호를 쏴준다)

[자동열차정지장치 ATS(Automatic Train Stop)]

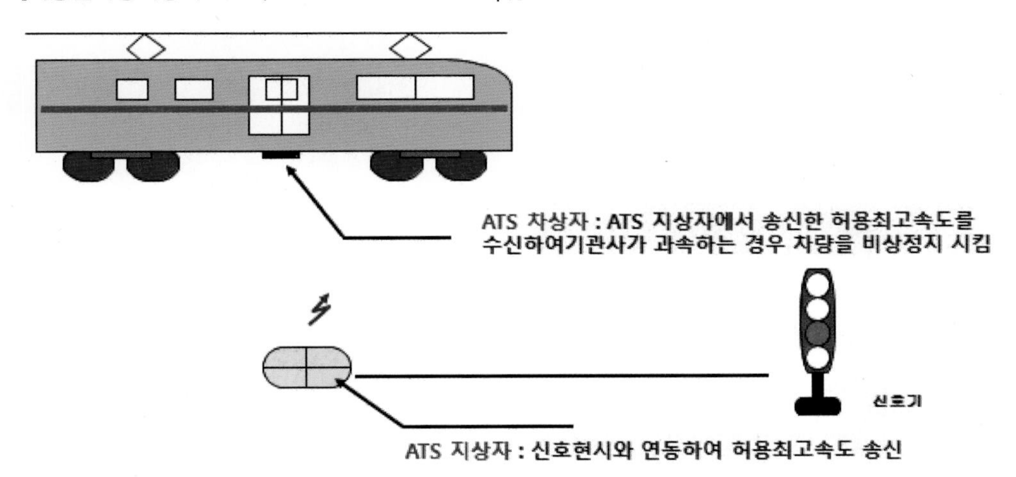

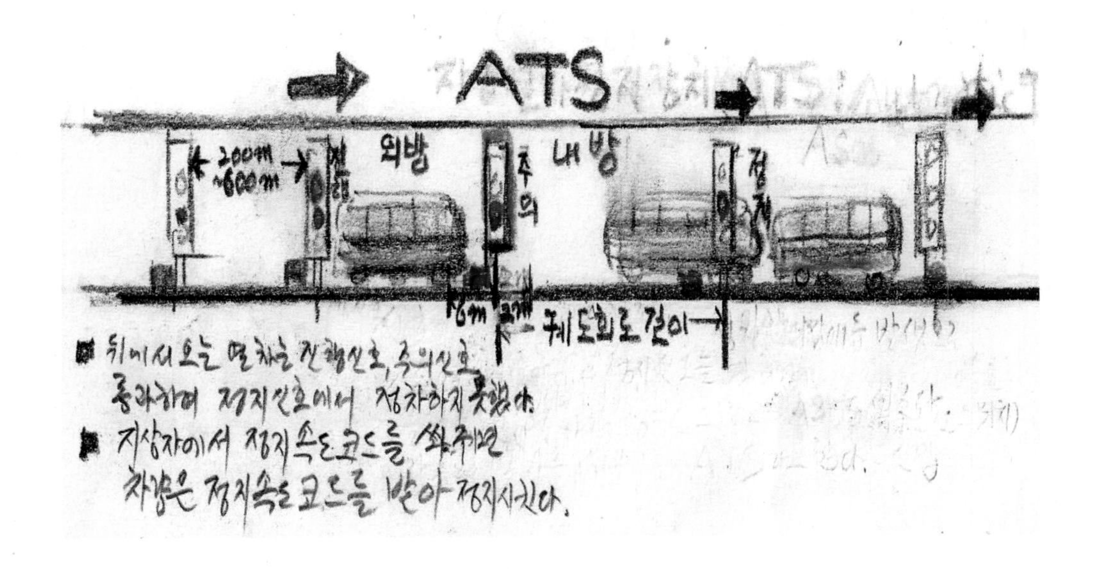

2. ATS 열차제한속도

[열차자동정지장치(ATS) 제한속도]

진감주경정

아래 수치 암기할 것!!! 공진주파수는 시험에 안 나올 것 같은데 실제 출제가 된다.

구분	진행 (G)	감속 (YG)	주의 (Y)	경계 (YY)	정지 (R1)	절대정지 (R0)
공진주파수 (KHz)	98		106	114	122	130
제한속도 (Km/h)	Free	65	45	25	0(15)	0
조사속도 (ATS검지속도)	–	–	45상당	25상당	0(15) 상당	0

- 공진주파수: 지상자에서 올라오는 주파수
- 조사속도: ATS가 검지할 수 있는 속도. 45Km/h 속도제한부터는 그 이상으로 열차가 달린다면 그 때부터 ATS가 속도제한을 주게 된다.
  - 감속제한속도(YG: 65Km/h)에서 예컨대 70Km/h 달리더라도 ATS는 조사하지 않는다.
  - 그러나 65Km/h 이상으로 달릴 경우 ATC구간에서는 조사하여 제동취급 조치를 취한다.

예제 **다음 중 신호현시와 ATS지상자 선택주파수 그리고 속도조사에 관한 설명으로 틀린 것은?**

가. Y/Y(경계)현시 때 114kHz, 조사속도 25km/h

나. Y(주의)현시 때 주파수 102kHz, 조사속도 45km/h

다. G(진행)현시 때 주파수 98kHz, 조사속도 FREE

라. R(정지)현시 때 (절대정지:R0) 130kHz, 조사속도 0km/h

해설 Y(주의)현시 때 주파수 106kHz 조사속도 45km/h이다.

예제 **다음 중 ATS장치 종류별 지상장치의 공진주파수가 차상장치의 제한속도로 맞는 것은? (신호 - 공진주파수 - 제한속도)**

가. 진행신호 - 98KHz – 80km/h

나. 감속신호 - 106KHz - 65km/h

다. 경계신호 - 122khz – 25km/h

라. 절대정지 - 130khz - 0km/h

해설 절대정지 시 주파수 130khz, 조사속도(ATS정지속도) 0km/h이다.

3. 차상속도 조사식 ATS특징

① 지상 신호기를 중복 신호제어로 하고 지상자의 위치를 설정하였으므로 운행상 알기 쉽다.

② 정지신호기의 경우에는 완전히 정지한다.

③ 다음의 지상자를 통과할 때까지 제어속도를 기억한다.

④ 지상자를 다수 설치함에 따라 연속적으로 속도조사를 할 수 있다.

⑤ 지상설비가 간단하므로 고장이 거의 없다.

⑥ 15km/h 스위치의 조작: 스위치를 조작하면 "15"의 빨간 표시 차임벨(Chime Bell)이 울리게 된다.

⑦ 특수 스위치의 조작: 특수 스위치를 조작한 다음 최초의 신호기를 45km/h 이하로 통과할 수도 있으나 다음 신호기를 통과할 경우에는 자동적으로 복귀한다.

⑧ 해방 스위치 조작: 통상 봉인되어 있으며 열쇠를 사용하여 해방시킨다. (ATS기능을 완전히 꺼버린다.)

[ATS지상장치 구성]

(1) ATS 지상자
- 지상자는 코일과 콘덴서로서 130KHZ에 공전회로를 구성하고
- 경보지점의 선로 사이에 차상자와 대응하게 열차의 진행방향으로 보아
- 궤도중심에서 우측으로 (+-)10mm의 위치에 설치하고 궤조(레일)면에서 20~50mm 아래 설치한다.

(2) 지상자 제어 계전기(CR)

(3) 제어케이블(CVV)

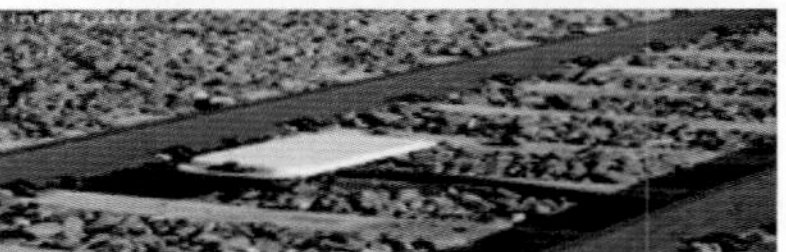

선로변에 신호기가 진행, 감속, 주의 정지 등의 신호를 표시하면 지상자에서는 그에 맞는 주파수를 뿅뿅 쏘게 됨

[차상속도 조사식 ATS특징]

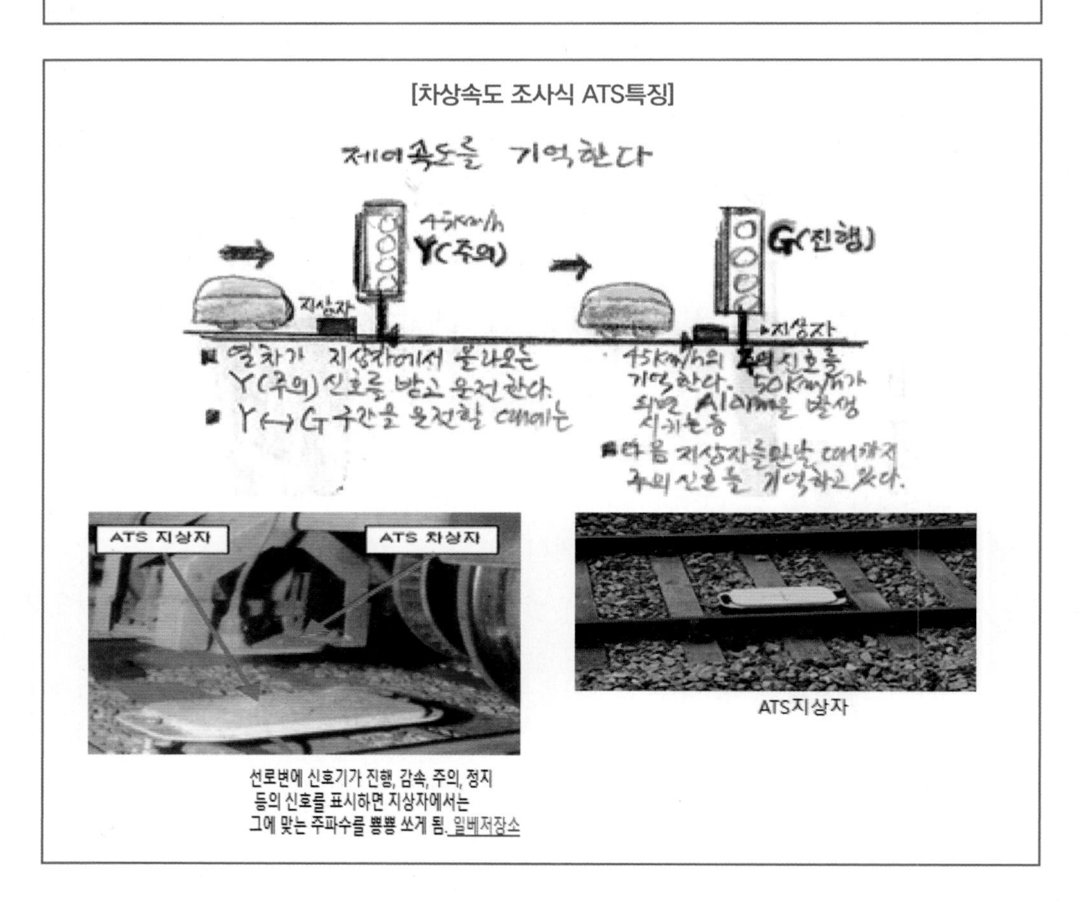

선로변에 신호기가 진행, 감속, 주의, 정지 등의 신호를 표시하면 지상자에서는 그에 맞는 주파수를 뿅뿅 쏘게 됨. 일베저장소

ATS지상자

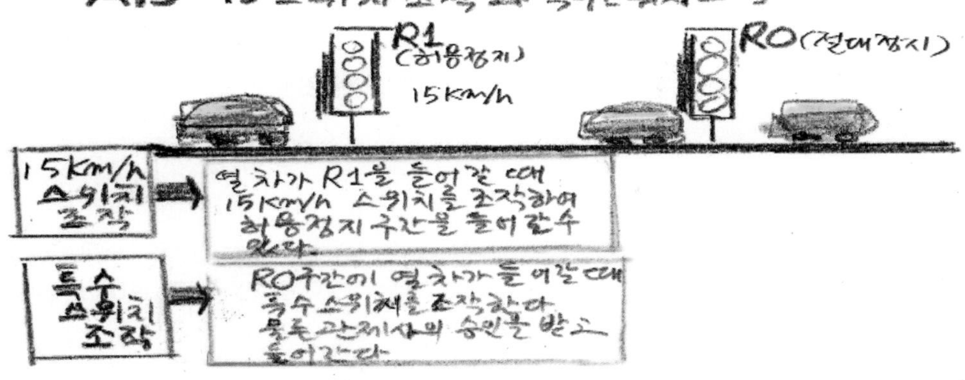

[차상속도 조사식 ATS 구성]

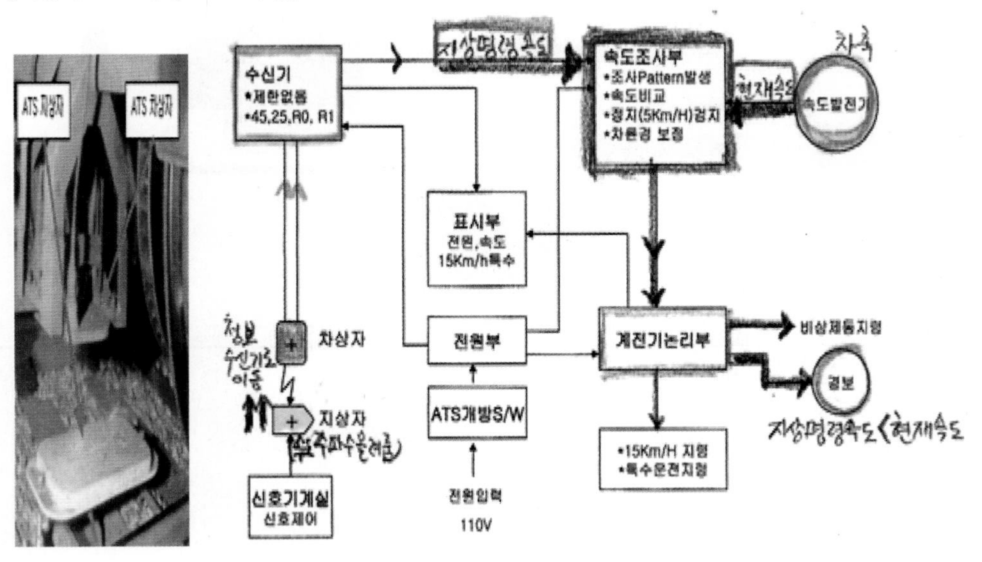

[ATS차상장치]

(1) ATS 차상자
- 차량 중심에서 우측으로 300(+-)10mm의 위치에 설치하고 궤조(레일)면상에서 130mm의 높이에 부착
- 2조의 코일에 의하여 지상에서 정보를 받아 이를 리드선으로 연결한 4심 케이블로 수신기에 전달

(2) ATS 수신기
- 수신기: 차상자에서 받는 정보가 전달되는 곳: 수신부 → 속도조사부로 보내지면 여기서 명령지시속도와 현재열차속도를 비교하여 실제속도가 명령속도보다 높으면 경고를 올리고, 비상제동을 체결해준다.
- 수신기는 운전실의 진동이 적은 곳을 선정하되 차상자와의 거리가 가까운 곳에 설치

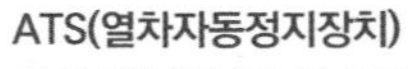

지상자와 차상자 간 통신으로 과속 및 신호위반 감지시 운전실에 경보. 이후 조치 없을 경우 비상제동 체결

ATS 지상자

차상자

예제 **다음 중 ATS 차상장치의 주요 구성품이 아닌 것은?**

가. 속도조사부　　나. 수신부

다. 차상자　　**라. 위성신호 수신부**

해설 ATS차상장치에는 속도조사부, 차상자, 수신부가 있다. 위성신호수신부는 없다.

예제 **다음 중 신호를 위반하여 운행하는 열차의 안전확보를 위해 설치하는 철도신호제어설비는?**

가. 신호기장　　나. 연동장치

다. 열차자동정지장치　　라. 폐색장치

해설 신호를 위반하여 운행하는 열차의 안전확보를 위해 열차자동정지장치(ATS)를 설치한다.

예제 **다음 중 열차간격제어설비로 적합하지 않는 것은?**

가. 열차자동운전장치(ATO)

나. 열차자동정지장치(ATS)

다. 열차집중제어장치(CTC)

라. 열차자동제어장치(ATC)

해설 열차집중제어장치(CTC)는 열차간격제어설비에 해당하지 않는다.

예제 **다음 중 4현시 구간에서 신호기가 감속 또는 진행신호를 현시하였다면 속도조사식 ATS지상자의 공진주파수로 맞는 것은?**

가. 98kHz

나. 78kHz

다. 88kHz

라. 118kHz

해설 진행 및 감속의 공진주파수는 98 kHz이다.

예제 **다음 중 차상속도 조사식 ATS의 특징에 관한 설명으로 틀린 것은?**

가. 지상자를 다수 설치함에 따라 연속적으로 속도조사를 할 수 있다.

나. 다음의 지상자를 통과할 때까지 제어속도를 기억한다.

다. 지상 신호기의 중복 신호제어 가능하다.

라. 주의 신호기의 경우에는 완전히 정지한다.

해설 정지 신호기의 경우에 완전히 정지한다.

제7절 열차자동정지장치(ATO: Automatic Train Operation)

1. ATO란?

- 열차의 출발과 정차, 출입문 개폐 등을 자동으로 제어하는 장치
- ATO는 기본적으로 ATC를 기반으로 한 기능이지만, ATC보다 좀 더 넓은 부분까지 자동화되어 있는 신호시스템이다.
- 지상자에서 열차의 운전조건을 차상으로 전송하여 열차의 출발, 정차, 출입문 개폐 등을 자동으로 동작하도록 하여 기관사없이 운행할 수 있는 시스템이다.

[ATO 특징]

① 차상장치와 신호제어장치 간에 상호작용
② 속도가/감속 제어
③ 정위치 정차
④ 출입문 개폐

- 속도명령은 ATC와 동일, 역과 역사이 역간정보 기억, 지상의 TWC장치로 역정보수신, 역과 역 사이에 설치된 4개의 PSM을 지나며 제동거리조정, 승강장 정차

[학습코너] ATO

[ATO란?]
열차자동운전장치(이하 ATO)는 열차가 정거장을 출발해서 정차할 때까지의 가속, 감속, 정위치 정차 등을 자동으로 수행하는 장치이다.
ATO는 ATC의 하부시스템으로 ATC에 의해 속도를 제한 받을 때에는 자동으로 제동동작을 하며 제한속도 이하가 되면 제동동작을 해제한다.

[기능]
1. 정속도 운행제어
   역과 역 사이에 있어서 ATO는 열차가 ATC신호의 허용 운행속도를 유지하도록 제어한다. 이는 ATO장치 내부의 속도 검출기가 열차의 속도를 검출해 허용속도와 비교 그 차이에 따른 역행 또는 제동 노치를 제어해 열차의 속도를 허용속도에 근접시킨다.

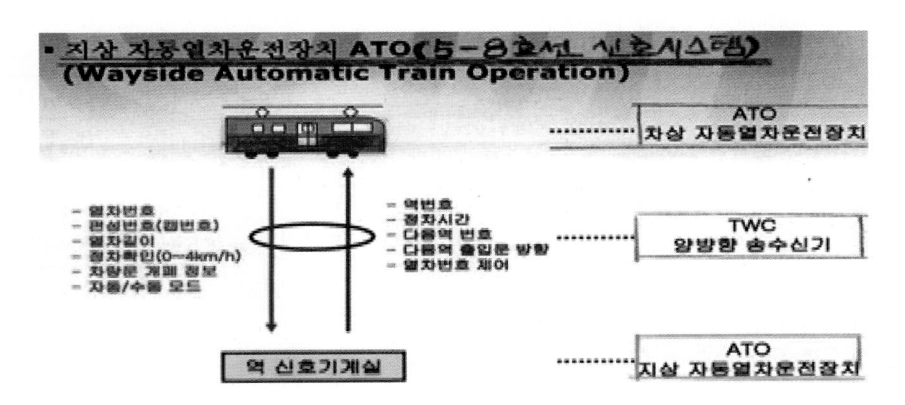

2. 감속제어
   정거장 사이에 곡선 또는 구배로 인해 열차의 감속이 필요로 하는 구간에서 ATC 속도 변화점 전함에 감속을 알려주는 지상자를 설치해서 열차가 ATC 제동을 받지 않고 주행할 수 있게 해준다.

3. 정위치 정지제어
   정거장에서 열차가 정위치에 정확하게 정지시키기 위해 열차의 정지지점 전방에 설치된 지상자(제1지상자에서 제4지상자)를 통해 열차의 위치와 속도를 검지해서 정해진 패턴에 의해 열차를 정지시킨다.

4. 열차정보송신장치(TWC)
   열차정보송신장치는 차량과 현장설비간의 양방향 통신을 하는 정보교환장치로 이 시스템은 차상설비와 현장설비의 2개의 시스템으로 분리된다.
   열차정보송신장치는 차량의 ATC, ATO, TCMS와 연결되어 열차운전을 제어하고 현장의 신호기계실의 주 컴퓨터와 연결되어 열차자동운전에 필요한 각종 기능들을 수행한다.

5. 출입문 자동 개,폐 및 정차시간 표시등
   TWC를 통하여 정위치 정차정보를 받으면 기계실에서 출입문 개,폐 정보를 발생하여 차상에 전송한다. 정차시간 표시등은 기관사에게 출발시간을 예고해 정시운행에 도움을 준다.

예제 ATO의 주요기능으로 맞는 것은?

가. 정밀속도 조절: ± 2.5KM/H 이내
나. ATC간섭에 의한 정밀정차: ± 30㎝
다. 회차구간에서 정밀정지: ± 3M 이내
라. 정밀정지 위치검지기준치: ± 1M 이내

해설 정밀정치 위치검지기준치: ± 1M 이내

2. PSM(Precision Stop Marker)

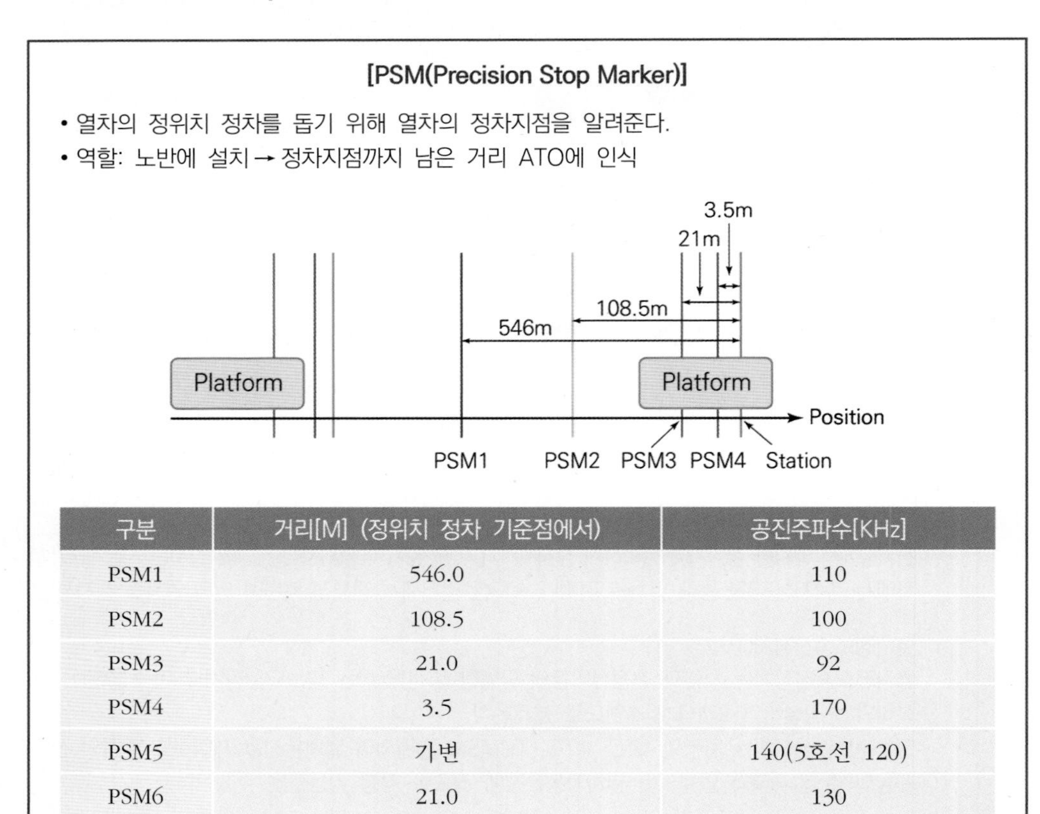

[PSM(Precision Stop Marker)]

- 열차의 정위치 정차를 돕기 위해 열차의 정차지점을 알려준다.
- 역할: 노반에 설치 → 정차지점까지 남은 거리 ATO에 인식

구분	거리[M] (정위치 정차 기준점에서)	공진주파수[KHz]
PSM1	546.0	110
PSM2	108.5	100
PSM3	21.0	92
PSM4	3.5	170
PSM5	가변	140(5호선 120)
PSM6	21.0	130

예제 다음 중 열차자동운전장치(ATO)에서 PSM3 공진주파수로 맞는 것은?

가. 92kHz
나. 82kHz
다. 112kHz
라. 122kHz

해설 PSM3 공진주파수는 92kHz이다.

예제 다음 중 ATO장치에서 여러 개의 지상자를 필요로 하는 제어는?

가. 정위치 정지제어
나. 감속제어
다. 정속도 운행제어
라. 출입문 개폐제어

해설 정위치 정지제어는 여러 개의 지상자를 필요로 한다.

예제 **다음 중 열차자동운전장치(ATO)에서 열차의 정위치 정차를 돕기 위하여 열차의 정차 지점을 알려주는 장치는?**

가. LCTC
나. TWC
다. ATO GENISYS
라. PSM

해설 PSM은 열차의 정위치 정차를 돕기 위하여 열차의 정차지점을 알려준다.

예제 **다음 중 열차자동운전장치의 ATO GENISYS에 관한 설명으로 틀린 것은?**

가. 출입문 개폐, 운전실 선택, 정차표시등을 제어한다.
나. 열차자동운전이 가능하게 보조해 주는 장치이다.
다. 열차의 자동출발 및 주행, 자동정지, 자동정위치정지, 출입문 자동개폐를 하는 것은 자동열차제어장치이다.
라. 열차의 유무를 검지하기 위한 것은 궤도회로장치이다.

해설 열차자동운전장치(ATO)는 자동속도 제어 기능과 역간 자동주행기능, 출입문제어기능, 자동출발기능, 정위치 정차기능 등을 구비한 장치이다.

예제 **다음 중 열차자동운전장치(ATO)에서 PSM4는 정위치정지 기준점에서 몇 [m] 전방에 설치하는가?**

가. 21
나. 108.5
다. 546
라. 3.5

해설 PSM4는 정위치정지 기준점에서 3.5m 전방에 설치한다.

예제 **다음 중 열차자동운전장치(ATO)의 관제(사령)에서 차량으로 전송되는 정보가 아닌 것은?**

가. 무인운전 요구
나. 현재역 TWC 번호
다. 고정속도
라. 열차번호

해설 **관제에서 차량으로 전송되는 정보**

열차번호, 다음 역, 다음 역 TWC번호, 현재 역, 현재 역 TWC번호, 종착역, 고정속도, 다음 역 출입문 방향, 운전제어, 기관사인지, 출발예고, 회차열차, 무인운전허가 등의 정보

3. TWC(Train to Wayside Communication)장치

1) 개요

- ATO자동 운전을 위해 운행에 따른 각종 정보들의 정보교환이 필수적 선행
- 자동운전이 가능하려면 지상의 정보와 차상의 정보가 지속적으로 커뮤니케이션되어야 한다.
- 어떤 것을 통해서 소통해야 하나? 바로 TWC장치를 통해서 소통한다.
- 차량의 TWC장치로 상호 안테나를 통하여 통신하면서 정보 교환

[전송되는 정보]

(1) 관제에서 차량으로 전송되는 정보

열차번호, 다음 역, 다음 역 TWC번호, 현재 역, 현재 역 TWC번호, 종착역, 고정속도, 다음 역 출입문 방향, 운전제어, 기관사인지. 출발예고, 회차열차, 무인운전허가 등의 정보를 수신한다.

(2) 차량에서 관제로 전송되는 정보

열차번호, 편성번호, 열차상태, 열차길이, TWC고장정보, CARRIER검지, 무인운전모드 요구, END IN CONTROL, 열차정차, 출입문 닫힘, 운전모드 등을 전송한다.

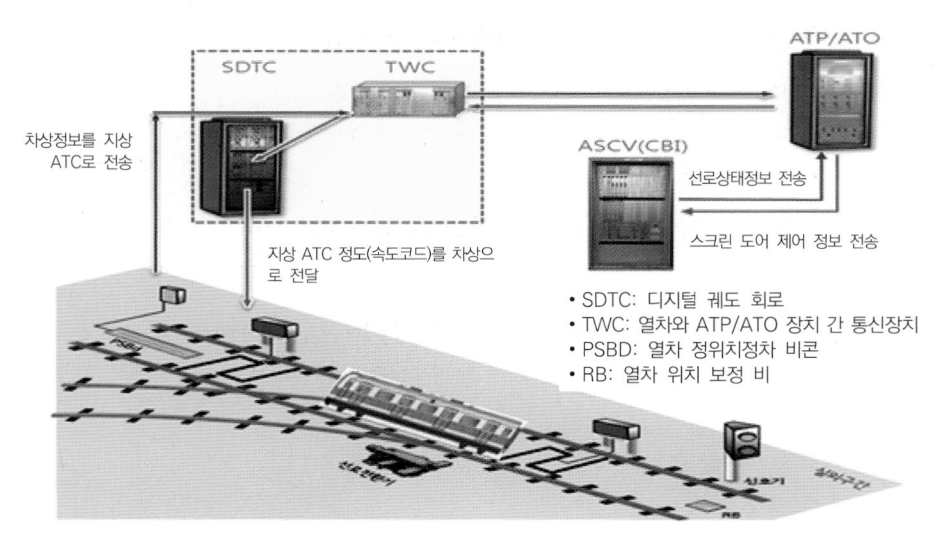

열차자동제어 장치 속의 TWC

[ATO구성요소 (5-8호선)]

1. 차상 ATO 장치(운전실)
   - 정해진 운행패턴과 지상에서 수신 받은 허용최고속도를 비교하여 가감속 및 정위치를 자동으로 가능하게 하는 장치
   - 열차문을 개폐하는 장치
   - 타행을 조절하여 열차 간격을 제어하는 장치
2. 차상 ATO 안테나
   지상 ATO marker 및 TWC의 송신내용을 수신하는 장치
3. 지상 ATO marker
   열차에게 현재의 위치를 알려주는 장치
4. 지상 TWC
   지상 ATO와 차상 ATO간 양방향 통신을 가능케 하는 송수신기

[TWC장치(Train Wayside Communication On-board Equipment)]

- 열차운행에 필요한 제어정보 및 상태정보의 효율적인 송수신 기능을 담당하는 차상 ATO ↔ 지상ATO간 통신장치
- TWC장치는 열차정보를 지상 신호시스템을 통하여 종합관제실(TCC)설비로 전송하여 열차운행을 위한 정보를 제공하는 설비
- 전송되는 열차내부정보로는 열차번호, 편성번호, 행선지, 열차고장 정보 등이 있으며 무선으로 전송

제2부

전기설비일반

〈학습코너〉 전기는 어떻게 전기철도로 오나?

"우리의 일상생활에서 없어서는 안 될 '지하철', 전기가 어디에서 전기동차로 흘러들어 와서 이 크고 무거운 전기동차를 움직이게 하는 걸까?"

[전기는 어디에서 오나?]

- 세계 최초의 도시철도인 지하철이 영국 런던에서 1863년 1월10일 개통됐다. 패링턴 스트리트와 비셥스 로드의 패딩턴을 잇는 5.6km구간에서 나타난 지하철은 증기기관차였다. 증기기관을 이용하였으므로, 지하철을 이용한 고객들은 온몸이 검게 물들었다고도 한다. 지하철 상태는 매우 열악해 터널 천정은 지상도로에서 수 인치 두께밖에 안되었고 매연과 증기를 뽑아내기 위해 여기저기 통풍구가 뚫렸으며 때로는 가옥 밑을 통과하기도 했다(역사속의 오늘, blog.daum.net).

아시아경제, 2013. 01. 11

- 한전에서 오는 전기는 지하철변전소를 거쳐 철도 위의 가설된 전차선을 타고 열차 상단에 있는 '팬터그래프'로 흘러간다. 전기는 팬터그래프를 거쳐 전기동차로 들어오게 된다.

– 바로 이 전기가 동력이 되어 지하철의 바퀴를 회전시키며 지하철 운행을 이끄는 것이다.

– 지하철의 지붕에는 마름모꼴의 팬터그래프와 여기에 연결된 선들을 볼 수 있다. 이를 간단하게 하나의 건전지로 생각하면 위의 전선들은 전압이 인가되는 '플러스(+)', 밑의 레일은 접지되는 '마이너스(–)'가 된다. 전력 공급 시에 차륜의 회전으로 앞으로 나아가게 된다.

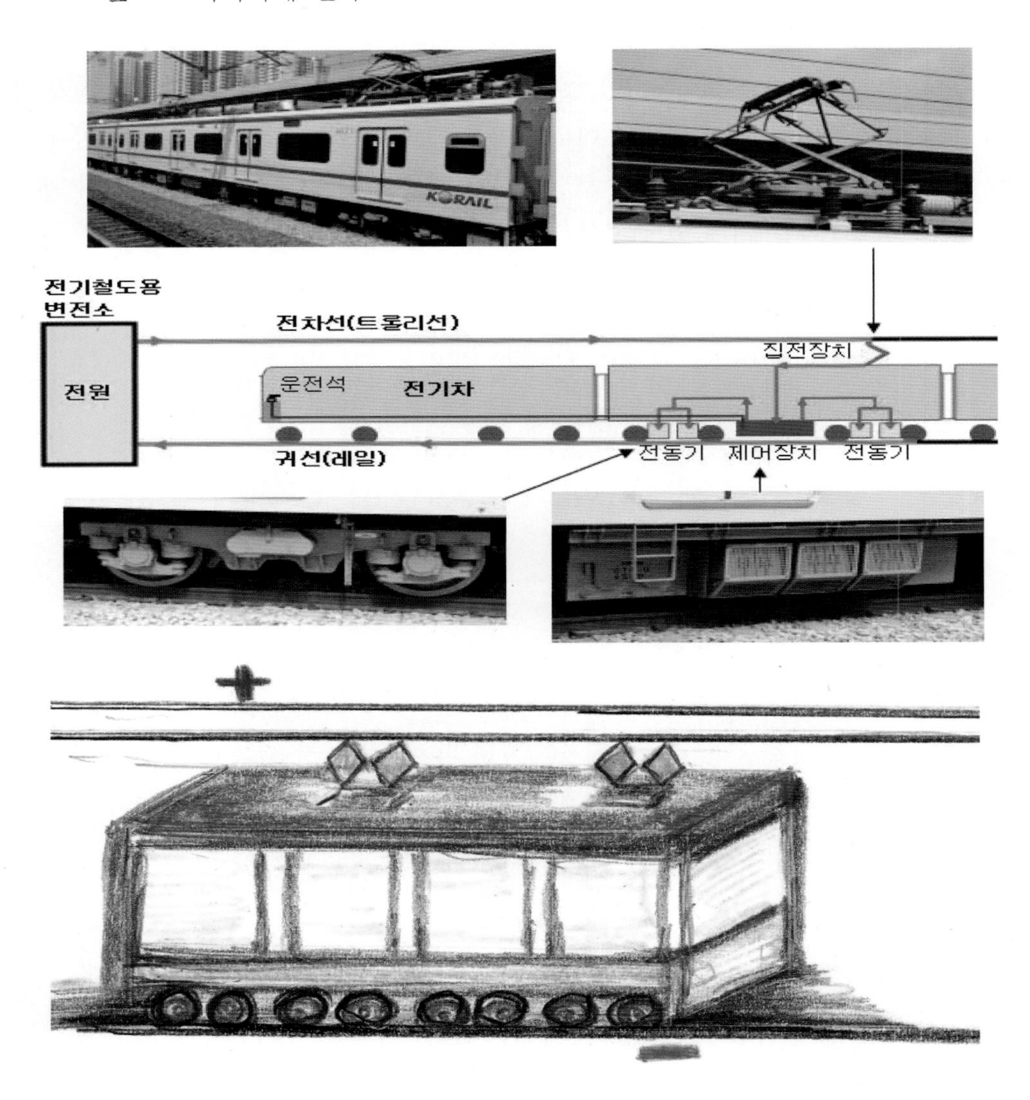

–차량에 필요한 전력은 전차 내부의 엔진과 발전기가 아니라 외부 동력원인 발전소에서 공급받는다.
–차량은 집전장치(Pantagraph)를 통해 전력을 공급 받는다.
–전기동차는 Pan을 통해 공급받은 전력을전동기(모터)를 통해 동력으로 변환하여 주행한다.
–연료의 공급이 불필요하기 때문에 차량 운영상의 제한이 적고 운전 횟수가 많은 노선에서 유리하다.
–다른 종류의 열차보다 소음이 적고 연기와 배기가스를 배출하지 않기 때문에 대기 오염의 우려도 없다.
–전차선에서 공급된 전기는 전기동차를 움직이고 다시 레일을 통하여 변전소로 귀로하는 회로를 가지고 있다.
–현재 우리나라 전동차 공급전압은 국철구간은 교류 25,000V, 도심구간은 직류 1,500V를 사용하고 있다.

[전기는 전기회로에 의해서만 공급]
–전기는 전기회로에 의해서만 공급된다.
–전기의 공급 또는 전기에너지의 공급을 위해서는 전기회로가 반드시 필요하다.
–전기의 특징적인 현상은 전기는 원래의 전원이 있는 곳으로 되돌아 온다는 특징을 지니고 있다.

[전기회로의 특징]

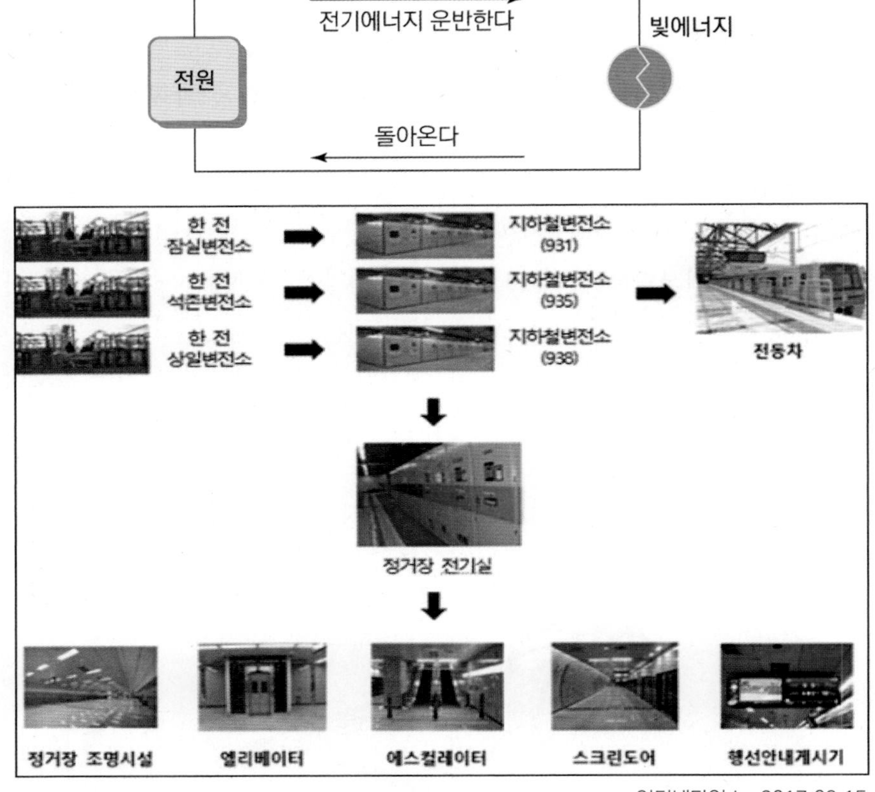

인터넷타임스, 2017.09.15

[전기회로의 특징]

– 전기는 한번이라도 통하면 전기에너지를 소비하고 돌아온다.

– 돌아온 전기는 전원을 출발하여 전기를 운반해가려 한다.

– 전기는 전원을 끄지 않는 한 계속 순환한다.

– 바로 이 것을 회로라고 부른다.

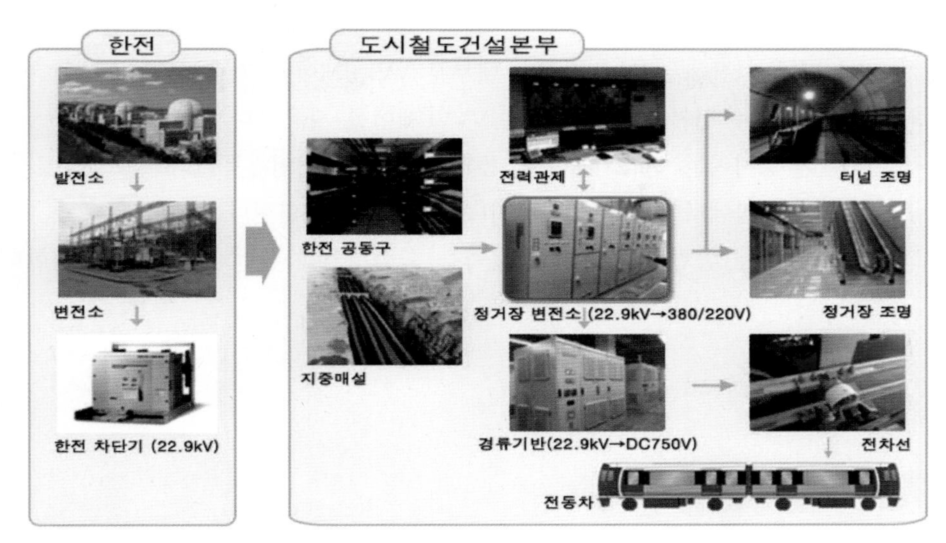

광주광역시 도시철도건설본부

[직류와 교류]

(1) 직류회로는 전기가 빙빙 도는(갔다 돌아오는) 방향이 일정하게 되어 있다.

(2) 교류회로는 1회마다 도는 방향이 반대로 되어 있다(따라서 교류를 AC(Alternating-Current Circuit)라고 한다.)

- 우리나라의 도시철도에서는 '직류'와 '교류'를 이용해서 지하철을 운영하고 있다. 서울교통공사의 경우 직류 1,500[V]를 이용하고 있다. 지역간 열차를 주로 운영하고 있는 코레일에서는 교류 25,000[V]의 교류를 사용한다.
- 전기기회로를 이용하는 전기에너지는 차량의 집전장치(Pan)를 통해 주회로에 도착한다.
- 주회로에 들어간 전기는 전동기에 전기에너지를 보내어 전동기의 축을 회전시킨다.
- 에너지를 소모한 전기는 주회로를 나와 차축과 차륜을 경유하여 차륜에 접촉된 레일을 귀선선로로 하여 지하철변전소로 돌아간다.
- 이처럼 전기는 원래의 발생된 장소로 돌아오는 귀소본능을 지니고 있다.

[직류전기동차와 교류전기동차]

- 세계 최초의 전기기관에 의한 지하철이 되입된 이래 직류전동기는 오랫동안 전기동차의 원동기로 사용되어 왔다.
- 직류전기동차에는 저항제어차와 쵸퍼제어차가 있다.

– 교류전기동차에는 VVVF차량으로 불리는 사이리스터 위상제어차가 있다.
– 유도전동기를 사용하는 전기동차는 대부분 VVVF제어를 적용한다.
– 최근에 운영되는 전기동차는 대부분 VVVF제어를 사용한다.
– 구동력을 발생시키는 전동기를 주전동기라고 하며 견인전동기라고도 한다.
– 주전동기는 전기에너지를 역학에너지(회전운동)로 변환한다.
– 그리고 회전축에 달린 치차장치로 윤축을 회전시켜 차륜이 구동력을 발생한다.

제1장

전기철도 일반

제1절 전기철도란?

1. 철도의 정의

전기를 주동력으로 하는 전기차를 운행하여 여객 및 화물수송을 하는 철도

2. 전기철도의 구성

1) 전철변전소(변전설비): 에너지를 만들어 내는 전철변전설비
2) 급전선로(전차선로): 에너지가 전기동차에 공급되는 급전선로
3) 부하설비(전기차): 에너지가 부하되는 대상인 전기차

[전기철도 구성 3요소]

① 전철변전설비
② 급전설비
③ 부하설비

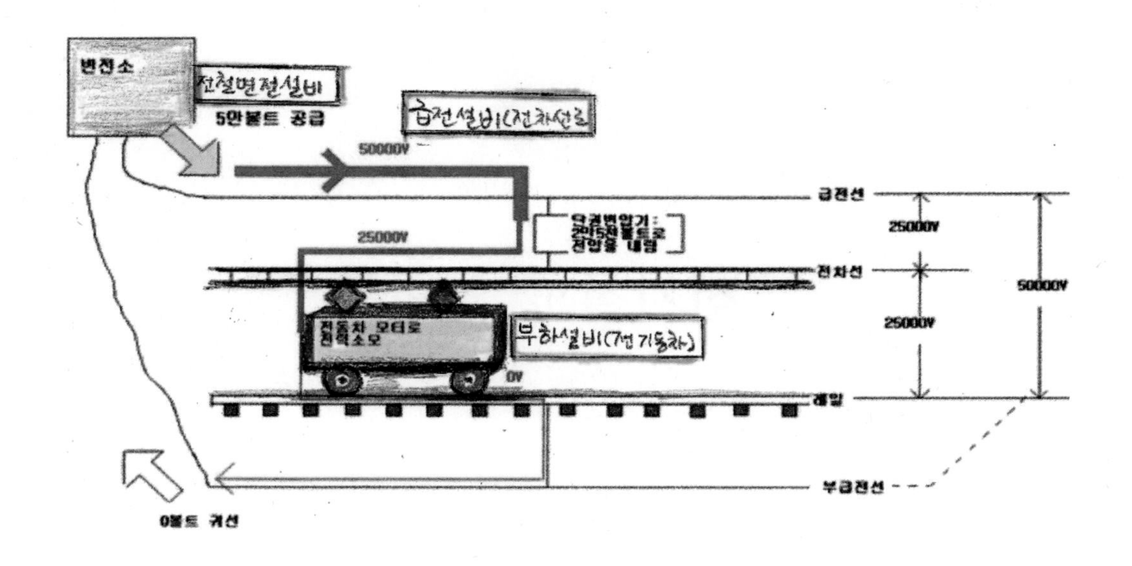

예제 다음 중 전기철도의 구성 3요소에 해당하지 않는 것은?

가. 부하설비(전기차)
나. 배전설비
다. 전철변전설비
라. 급전설비

해설 전기철도 구성 3요소: 전철변전설비, 급전설비, 부하설비

예제 **전기철도 구성은 공학적 의미에서 전기차에 적정한 전력으로 변성하고 분배해주는 전철변전소와 전력을 전기차까지 공급하는 급전선로 및 전기차로 구성되어 있다. 다음 중 이것을 전기적인 등가회로로 구성할 시 구성요소로 맞는 것은?**

가. 전철변전설비, 급전설비, 부하설비
나. 변전설비, 전동차설비, 전차선
다. 직류설비, 변전설비, 교류설비
라. 전차선, 조가선, 급전선

해설 전기철도를 전기적인 등가회로로 구성하면 전철변전설비, 급전설비, 부하설비로 구성된다.

[등가 회로]

- 어떤 전기적 장치와 동일한 전기적 특성을 갖지만 세부 구성이 다른 장치이다. 예컨대, +20V의 전원 공급장치는 +40V와 −20V의 직렬 연결된 전원공급장치와 등가라고 할 수 있다.
- 저항으로 보면, 1옴의 저항은 2옴의 저항 두 개를 병렬 연결한 것과 등가회로라고 할 수 있다. 이에 따라 관점을 보다 더 확장해 보면 전철변전설비, 급전설비, 부하설비 등도 등가회로로 구성할 수 있다.

제2절 전기철도의 효과

(1) 수송능력 증강
- 전기기관차 전동기의 높은 출력으로 디젤기관차보다 25% 에너지 절약 효과
- 디젤기관차보다 유지보수 비용 40% 감소, 내구연한 2배 수송능력 증강

(2) 에너지(energy) 이용효율 증대

(3) 수송원가절감

(4) 환경개선

(5) 지역균형 발전

예제 **다음 중 전기철도의 효과에 해당하지 않는 것은?**

가. 디젤기관차에 비하여 가벼워 견인력이 감소되었다.
나. 매연이 없으며 소음이 적어 친환경적이다.
다. 수송원가가 디젤차량에 비하여 절감되었다.
라. 에너지 이용효율이 증대되었다.

해설 전기동력차가 디젤기관차보다 약 30%의 견인력이 증가

예제 **다음 중 일반 전기부하의 특성과 비교하여 전철급전계통 부하의 특성으로 맞는 것은?**

가. 보호설비의 필요성이 감소하였다.
나. 비접지방식이다.
다. 부하의 크기 및 시간적 변동이 극히 심하다.
라. 전력공급은 전차선만을 공급한다.

해설 부하의 크기 및 시간적 변동이 극히 심한 특성을 지닌다.

제2장

전기철도의 분류

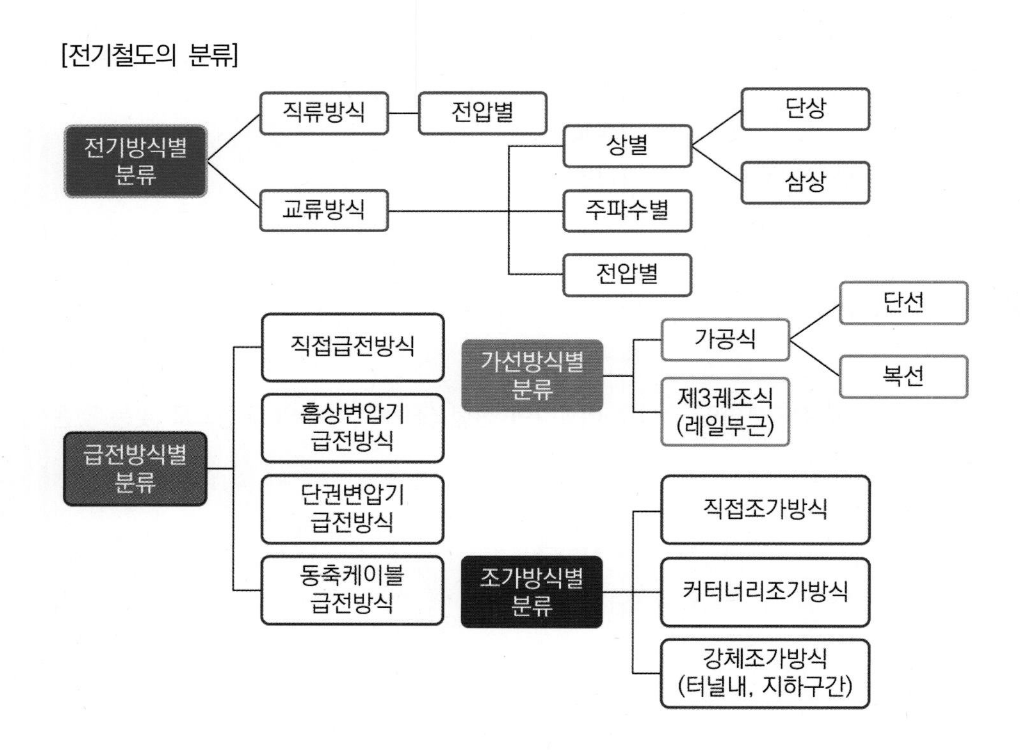
[전기철도의 분류]
전기방식별 분류
직류방식
전압별
교류방식
상별
단상
삼상
주파수별
전압별
급전방식별 분류
직접급전방식
흡상변압기 급전방식
단권변압기 급전방식
동축케이블 급전방식
가선방식별 분류
가공식
단선
복선
제3궤조식 (레일부근)
조가방식별 분류
직접조가방식
커터너리조가방식
강체조가방식 (터널내, 지하구간)

제1절 전기방식에 의한 분류

1. 전기방식에 의한 직류와 교류

[전기방식에 의한 분류]

① 직류전기철도

② 교류전기철도

[교류방식]

① 상별

② 주파수별

③ 전압별

[직류교류전기동차 전기공급]

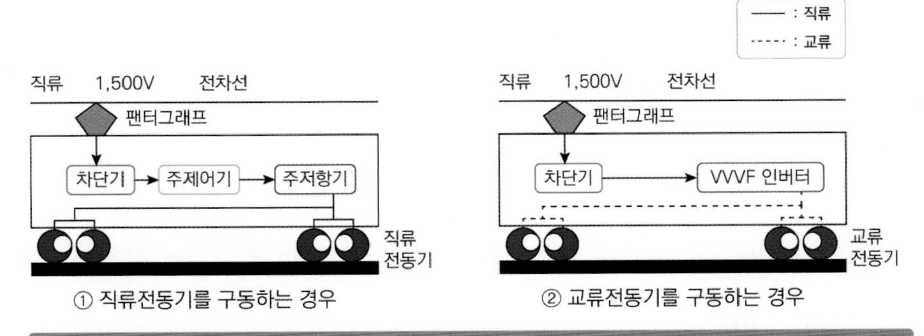

직류방식

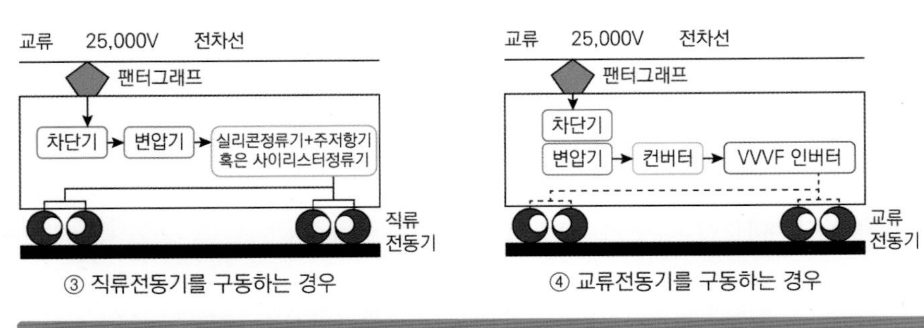

교류방식

예제 **다음 중 전기철도 전기방식 별 분류에서 교류방식 분류방법이 아닌 것은?**

가. 주파수별　　　　나. **변압기별**

다. 전압별　　　　라. 위상별

해설 교류방식은 위상, 주파수, 전압의 기준으로 분류한다.

예제 **다음 중 집전장치를 통하여 전기차량에 전력을 공급하기 위해 선로연변에 설치한 전선로 및 전선로를 지지하기 위한 지지물은?**

가. 고배선로　　　　나. 급전선로

다. 전차선로　　　　라. 조가선

해설 집전장치를 통하여 전기차량에 전력을 공급하기 위해 선로연변에 설치한 전선로 및 전선로를 지지하기 위한 지지물을 전차선로라 한다.

2. 직류와 교류의 성질

- 전기철도가 개발된 이후, 역시 세계의 모든 지하철들은 전기를 이용하여 동력차를 구동하고 있다.
- 전기철도에서 전기를 사용하는 방식도 세계도시마다 다르다.
- 우리나라는 두 가지 방식을 사용하고 있는데, 그것이 바로 직류와 교류이다.

[가정용 직류와 교류]

- 직류와 교류를 쉽게 이해하기 위해서는 건전지와 가정용 전기를 생각하면 쉽다.
- 손전등이나 카세트에 들어가는 건전지에서 나오는 직류는 전압이 낮으며(1.5V), 전기가 +극에서 −극으로 한 방향으로만 흐르는 성질이 있다.
- 반면 가정용 전기로 쓰이는 교류는 전압이 높고(220V), 전기가 한동안 +극에서 −극으로 흐르다가, 다시 −극에서 +극으로 흐르는 것을 반복한다. 이것을 1초에 60번 반복한다(60Hz라고 한다).

[지하철 전원으로서 직류와 교류]

부하 운전 전류가 크기 때문에 전류용량이 큰 전선의 사용이 필요하다. 식에서 직류는 전압이 낮고 '직류'의 전류는 높다.

$$P = V \times I$$

여기서 P(power): 전력, V(voltage): 전압, I(intensity): 전류

- P(전력)는 일정하므로 전압이 높으면 전류는 낮고, 전압이 낮으면 전류는 높다.
- V(전압)은 수압, 전류는 물에 비유 (I: Amount of Energy Transmitted)
- 전압(V)이 높은 건 교류이고 전류(I)는 상대적으로 낮다.
- 위의 식에서 "직류의 전압이 낮고 '직류' 전류는 높다."

직류
- 지하철처럼 노선이 짧고 열차가 자주 다니는 경우에는, 대형변압기를 하나만 갖추고, 미리 낮은 전압의 직류를 전동차에 보내므로 효율적이라 할 수 있다.
- 거리가 짧아 손실이 많지 않을 뿐 아니라 변압기 개수도 절약할 수 있다.

교류
- 교류의 장점은 전압을 자유자재로 바꿀 수 있다는 점이다.
- 도시 주변의 산에 있는 송전탑은 34만 5천 볼트(V)라는 초고전압으로 송전을 하는 것이다.
- 따라서 교류를 쓰면, 일단 고전압으로 전동차에 전기를 공급한 뒤, 전동차에서 전압을 낮추어서 쓰면 되므로, 손실을 줄일 수 있다.
- 그러나 전압을 낮추려면, 전동차마다 변압기를 설치해야 한다. 따라서, 지역간 철도(KORAIL운영구간)처럼 노선이 길어서 전기 손실이 클 우려가 있고, 또한 열차가 많지 않을 때는, 변압기가 적게 필요한 교류가 유리하다.

3. 직류와 교류전기철도의 특징

1) 직류전기철도의 특징

- 전압이 낮기 때문에 전차선로나 기기의 절연이 쉽다(교류 25,000v에 비해 낮다는 것이지 직류 1500V가 낮은 전압은 아니다).
- 터널이나 교량 등에서 절연거리도 짧게 할 수 있다.
- 활선작업(전차선을 급전상태를 유지하면서 작업을 하는 것)하기가 용이하다.
- 통신선로에 대한 유도장해(전압이 높을 때 주변에 생기는 전파방해 요인)가 적다.
- 경량 단거리 수송에 유리하다.

– 교류방식과 비교하여 전압강하가 크다(교류에 비해 직류는 전압강하가 크기 때문에 공급원에서 멀어질수록 저항 때문에 전압은 점점 떨어진다).
– 전압강하가 커서 변전소 간격이 짧아진다(전압이 떨어지니까 송전 중간에 새로운 변전소를 만들어 주어야 한다. 전압강하가 크니까 결국 변전소를 많이 설치해주어야 한다. 야구공에 비유해 볼 수 있다).

[직류방식과 교류방식의 비교]

구분			교류(25kV)	직류(1,500V)
지상 설비	전철 설비	변전소	변전소 간격이 30~50km 정도 변압기만 설치하면 되므로 지상 설비비가 저가	변전소간격이 5~20km, 변압기와 정류기가 필요하여 지상설비비 고가
		전차선로	고전압 저전류로 전선을 가늘게 할 수 있고 전선 지지 구조물 경량	저전압 고(대)전류로 전선이 굵어지고 전선지지 구조물 규모 커짐
		전압강하	저전류로 전압강하가 적어서 직렬 콘덴서로 간단히 보상	대전류로 전압강하가 커서 변전소, 급전소의 증설이 필요
		보호설비	운전전류가 작아 사고전류 판별 용이	운전전류가 커서 사고전류의 선택차단 어려움

예제 **다음 중 교류방식의 특징이 아닌 것은?**

가. 직류방식에 비해 터널 단면이 크다.
나. 변압기를 통해 여러 전원 확보가 쉽다.
다. 대전류로 전압강하가 커서 변전소, 급전소의 증설이 필요하다.
라. 직류방식에 비해 차량가격이 비싸다.

해설 직류방식이 대전류로 전압강하가 커서 변전소, 급전소의 증설이 필요하다.

예제 **다음 중 직류식 전기철도의 사용전압이 아닌 것은?**

가. 750V　　나. 600V
다. 1,200V　　라. 3,000V

해설 직류식 전압 종류: 600V, 750V, 1,500V, 3,000V

예제 **다음 중 직류 전기철도 방식의 장점에 해당하는 것은?**

가. 전압강하가 작다.
나. 변전소 간격이 크다.
다. 누설전류에 의한 전식이 없다.
라. 통신선로에 대한 유도장해가 작다.

해설 직류 방식은 통신선로에 대한 유도장해가 작다.

예제 **다음 중 교류 전기철도방식의 장점에 해당하는 것은?**

가. 운전전류가 작아 사고전류의 판별이 용이하다.
나. 통신선로에 대한 유도장해가 작다.
다. 전압강하가 크다.
라. 전차선로나기기의 절연이 쉽다.

해설 교류의 경우 운전전류가 작아 사고전류의판별이 용이하다. $(P = V \times I)$

예제 **다음 중 직류방식과 교류방식의 지상설비를 비교할 때 교류식 전기철도의 장점이 아닌 것은?**

가. 운전전류가 작아 사고전류의 판별이 용이하다.
나. 터널 단면, 구름다리 높이의 축소가 가능하다.
다. 직류방식이 대전류로 전압강하가 커서 변전소, 급전소의 증설이 필요하다.
라. 전선을 가늘게 할 수 있고 전선지지구조물의 경량화가 가능하다.

해설 고압으로 절연 이격거리가 커야 하므로 터널 단면이 커진다.

예제 **다음 중 교류방식의 특징이 아닌 것은?**

가. 직류방식에 비해 터널 단면이 크다.
나. 변압기를 통해 여러 전원 확보가 쉽다.
다. 직류방식에 비해 차량가격이 비싸다.
라. 대전류로 전압강하가 커서 변전소, 급전소의 증설이 필요하다.

해설 직류방식이 대전류로 전압강하가 커서 변전소, 급전소의 증설이 필요하다.

4. 직류와 교류전기철도의 급전계통

1) 직류(DC) 급전 계통

[직류급전방식]

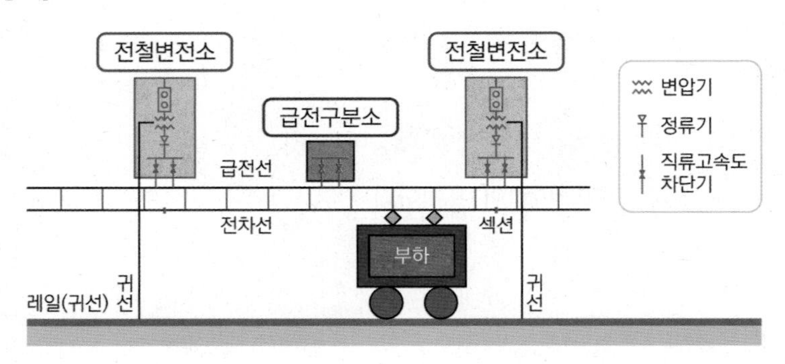

– 직류급전구간에는 변전소 및 급전구분소 간을 1구간으로 하여 방면별 상하선별로 급전한다(A변전소에 고장이 생겨도 B변전소에서 연장급전해 줄 수 있다).

[직류급전방식(병렬급전)]

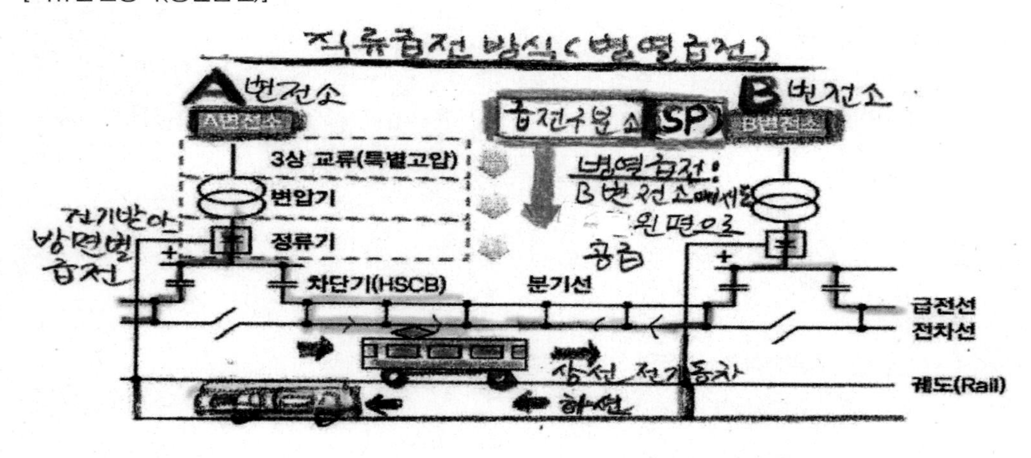

– 상, 하 방면 외에 큰 역 구내, 차량기지 등에 급전구분소를 설치하여 별도의 단독 급전회로를 구성해 준다.

– 차량기지 등에는 여러 개 측선이 있고, 상시적으로 입환이 이루어지고 있으므로 단독 급전회로를 구성해 주어야 한다.

- 만약에 본선에서 사고가 나서 전차선 단절이 되어 차량기지까지 급전이 안 된다면 차량기지 내 차량도 움직이지 못하게 된다.
- 본선에 단전이 되더라도 차량기지에 영향을 미치지 않도록 하기 위해 차량기지 내 별도의 급전회로를 구성해 준다.

[직류변전설비의 구성]

- 변전소(SS: Sub-Station),
- 구분소(SP: Sectioning Post)
- 급전타이포스트(TP: Tie-Post),
- 정류포스트(RP: Rectifying Post)

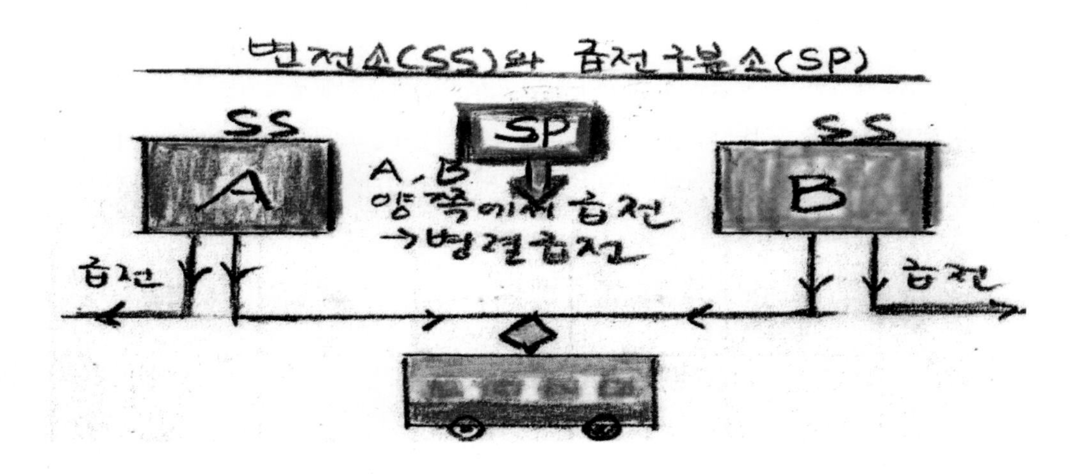

[급전구분소가 있는 경우의 전차선 전압]

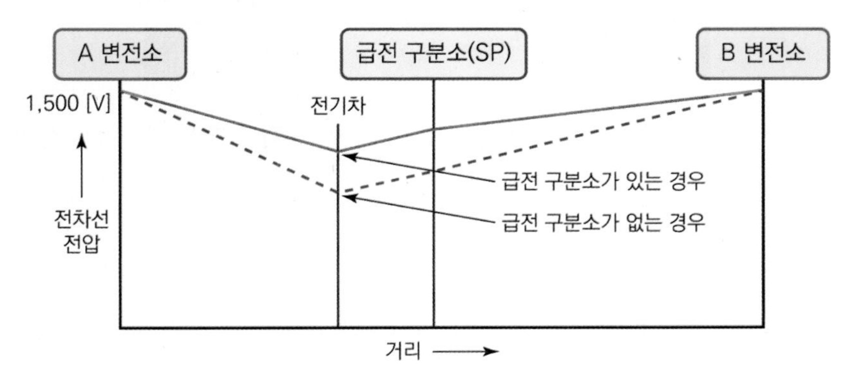

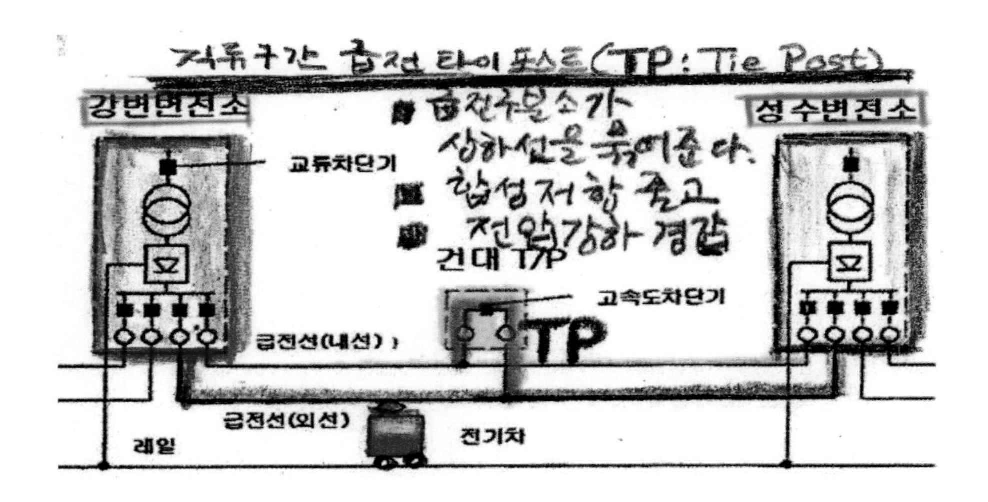

예제 다음 중 전력을 공급받아 적정하게 변성하여 전차선로에 공급하는 역할을 하는 장소는?

가. 전철변전소(S/S: Sub-Station)　　나. 급전구분소(SP: Sectioning Post)

다. 보조급전구분소(SSP: Sub-Sectioning Post)　　라. 흡상변압기(BT: Booster-Transformer)

해설 전철변전소(S/S: Sub-Station)에 대한 설명이다.

예제 다음 중 전차선의 전압강하를 경감할 목적으로 설치한 직류전철구간 변전설비로 맞는 것은?

가. 정류포스트(RP)　　나. 구분소(SP)

다. 급전타이포스트(TP)　　라. 변전소(SS)

해설 급전타이포스트(TP)에 대한 설명이다.

예제 다음 중 직류 변전설비의 차단기 중에서 전동차에 전력을 직접 공급하는 설비는?

가. 공기차단기　　나. 가스차단기

다. 직류고속도차단기　　라. 진공차단기

해설 직류고속도차단기(HSCB: High Speed Circuit Breaker)에 대한 설명이다.

2) 교류(AC) 급전계통

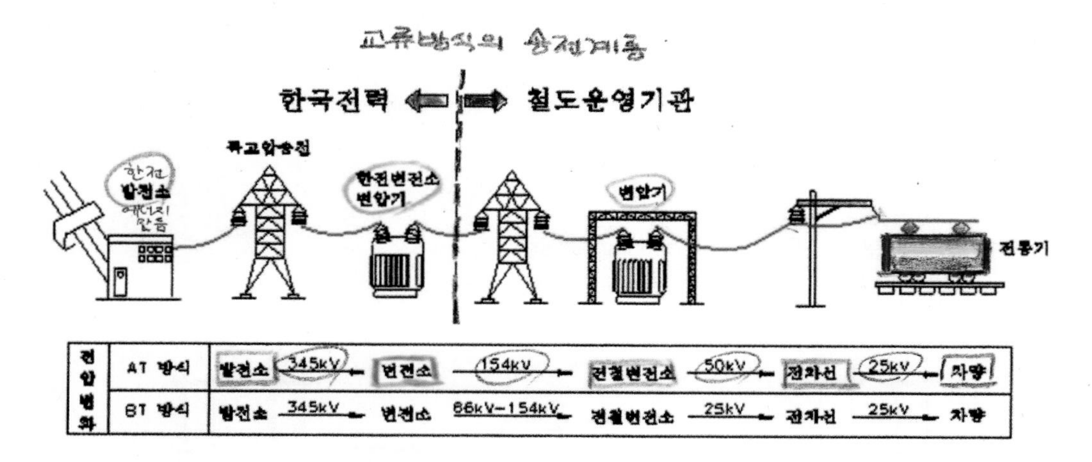

(1) 교류급전계통

[교류급전방식]

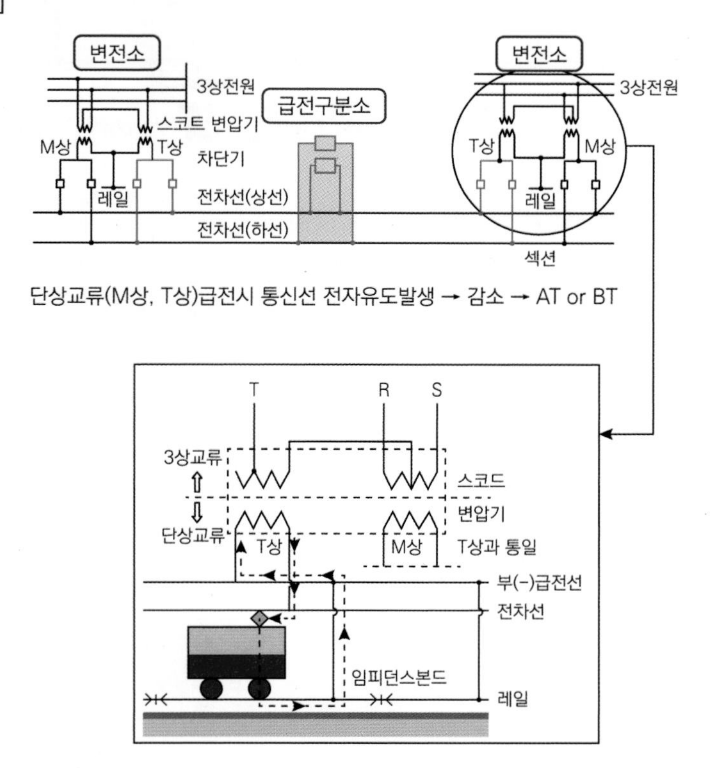

① **전철변전소(S/S: Sub-Station)**

한국전력 변전소로부터 수전 받아 변압기에 의해 전기차에 필요한 전압으로 변성하여 전차선로에 공급하는 역할

② **급전구분소(SP: Sectioning Post)**

급전구간의 구분과 연장급전을 위하여 개폐장치설치

③ **보조급전구분소(SSP: Sub-Sectioning Post)**

작업 시나 사고 시의 정전구간을 줄이고, 연장급전을 위해 개폐장치

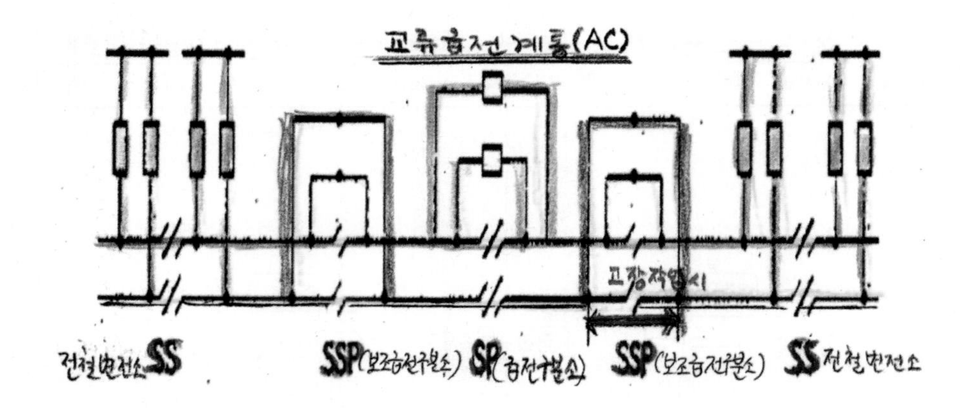

[SSP에 문제 발생 시 SP가 없다면]

만약에 SSP(보조급전구분소)에 문제가 생겨서 작업을 해야 할 때, SP(급전구분소)가 없다면 SS(전철변전소) ↔ SS(전철변전소) 전 구간을 단절시키고 복구작업을 해야 한다.

[SSP에 문제 발생 시 SP가 있다면]

- SP(급전구분소)가 있다면 SS(전철변전소) ↔ SS(전철변전소) 전 구간을 차단시킬 필요가 없다.
- 즉, SS−SP를 유지한 채로 SP−SSP−SS 구간만 단절시키면 된다.

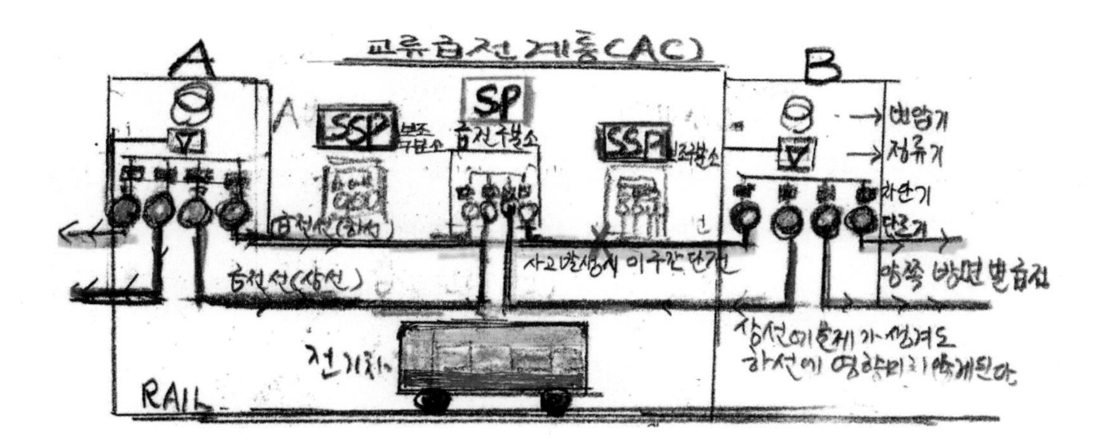

[학습코너] 전철전력설비시설 관련용어(AC구간)

(1) 전철변전소(SS: Sub Station)

전기차량 및 전기철도설비에 전력을 공급하기 위하여 구외로부터 전송된 전기를 구내에 시설한 변압기, 전동발전기, 회전변류기, 정류기 등 기타의 기계기구에 의하여 변성(전압을 높이거나 낮추는 것)하는 장소로서 변성한 전기를 다시 구외로 전송하는 장소를 말한다.

(2) 급전구분소(SP: Sectioning Post)

전철변전소간 전기를 구분 또는 연장급전을 하기 위하여 개폐장치 등을 설치한 장소를 말한다.

(3) 보조급전구분소(SSP: Sub Sectioning Post)

작업, 고장, 장애 또는 사고시에 정전(단전)구간을 한정하거나 연장급전을 하기 위하여 개폐장치를 설치한 장소를 말한다.

(4) 단말보조급전구분소(Auto Transformer Post)

전차선로의 말단에 가공전차선의 전압강하 보상과 유도장해의 경감을 위하여 단권변압기를 설치한 장소를 말한다.

예제 **다음 중 교류급전방식에서 보조급전구분소(SSP: Sub-Sectioning Post)를 설치하는 목적은?**

가. 작업 시나 사고 시의 정전구간을 줄이고, 연장급전을 위해 개폐장치 설치

나. 서로 다른 이상의 전기를 구분

다. 전기차에 필요한 전압으로 변성하여 전차선로에 전기를 공급

라. 급전구간의 구분과 연장을 위하여 개폐장치 설치

해설 보조급전구분소(SSP)의 설치 목적은 작업 시나 사고 시의 정전구간을 줄이고, 연장급전을 위해 개폐장치를 설치하는 것을 말한다.

예제 **다음 중 교류(AC)급전 계통에서 급전구간의 구분과 연장을 위하여 개폐장치를 설치한 곳은?**

가. 단말보급전구분소(ATP)
나. 급전구분소(SP)
다. 보조급전구분소(SSP)
라. 전철변전소(SS)

해설 급전구간의 구분과 연장을 위하여 개폐장치를 설치한 곳은 급전구분소(SP)이다.

예제 **다음 중 전철급전계통 구성 시 고려하여야 할 사항이 아닌 것은?**

가. 사고 시 구분
나. 전압강하
다. 급전거리
라. 차량형식

해설 전철급전계통 구성 시 변전소로부터 급전거리, 전압강하, 사고 시의 구분, 보수 등을 고려한다.

예제 **다음 중 급전계통의 분리에 있어서 본선과 측선을 분리하는 목적은?**

가. 측선에서 사고발생 시 부본선에영향을 주지 않기 위함
나. 측선에서 사고발생 시 본선에 영향을 주지 않기 위함
다. 본선에서 사고발생 시 부본선에영향을 주지 않기 위함
라. 본선에서 사고발생 시 측선에 영향을 주지 않기 위함

해설 주요역 구내의 전차선을 분리하여 상하선 별 다른 급전 계통으로부터 상호 급전이 가능하도록 하거나 측선에서 사고발생시 본선과 분리하여 열차 운행을 할 수 있도록 하는 것이다.

예제 **다음 중 급전계통을 분리하는 개소로 적합하지 않은 것은?**

가. 본선과 본선 간의 분리
나. 측선과 본선 간의 분리
다. 차량기지와 본선 간의 분리
라. 본선과 건널선 간의 분리

해설 급전계통의분리: 급전별 분리, 본선 간의 분리, 본선과 측선의 분리
차량기지와 본선과의 분리

예제 다음 중 전철급전계통 구성 시 고려하여야 할 사항이 아닌 것은?

가. 사고 시 구분　　　　　나. 전압강하
다. 급전거리　　　　　　　**라. 차량형식**

해설 전철급전계통 구성 시 변전소로부터 급전거리, 전압강하, 사고시의 구분, 보수 등을 고려한다.

제2절 급전방식에 의한 분류

1. 직접급전방식(Simple Feeding System) (유도장애발생)

- 회로구성이 간단하기 때문에 보수가 용이하며 경제적임
- 전기차 귀선 전류가 레일에 흐르므로 레일에서 대지누설전류에 의한 통신 유도장해가 큼
- 레일 전위(레일에 의한 유도장해 발생)가 다른 방식에 비해 큰 단점

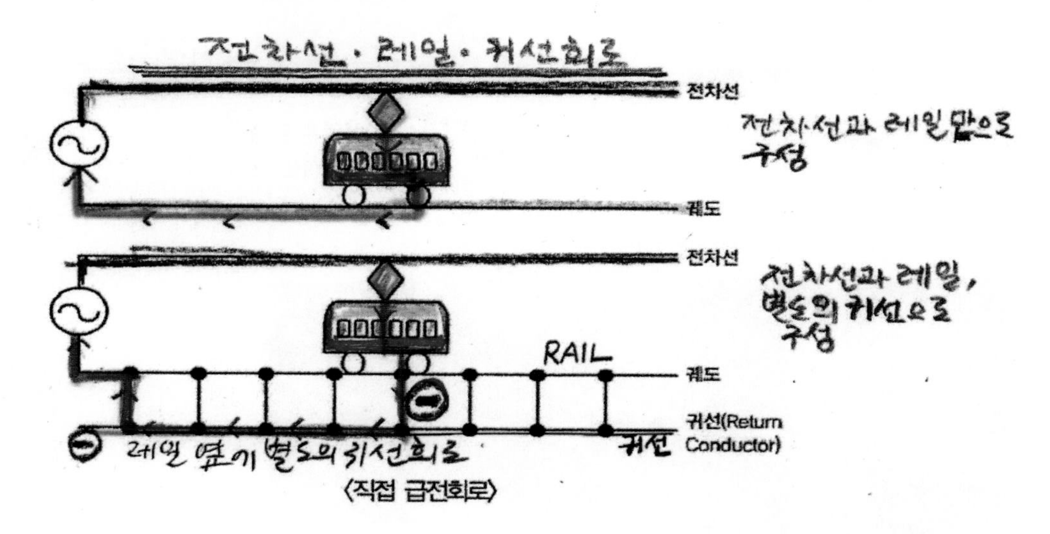

〈직접 급전회로〉

예제 다음 중 전기철도의 구성요소를 전기적인 등가회로 구성하였을 때 레일에 해당하는 것은?

가. 보호선　　　　　　　나. 전차선
다. 급전선　　　　　　　라. 귀선

해설 등가회로 상 Rail은 귀선으로 취급한다.

[등가회로(Equivalent Circuit)]

- 어떤 전기적 장치와 동일한 전기적 특성을 갖지만 세부 구성이 다른 장치이다.
- 예컨대 +20V의 전원공급장치는 +40와 −20V의 직열로 연결된 전원공급장치와 등가라고 할 수 있다.

[귀선로]

- 전기차량에 공급된 전력을 변전소로 되돌리기 위한 회로.
- 일반적으로 귀선레일, 레일본드, 보조귀선 등으로 되어 있다.
- 귀선로의 전기저항이 높은 경우에는 전압강하나 전력손실이 커져, 대지에 대한 누설 전류가 증대하여 전식이나 통신유도장해를 일으키기 쉽다.
- 그 때문에 귀선로의 전기저항은 아주 경감할 필요가 있어, 레일의 이음매에 동으로 꼬은 선인 본드를 설치해서 전기의 흐름을 좋게 해 준다.

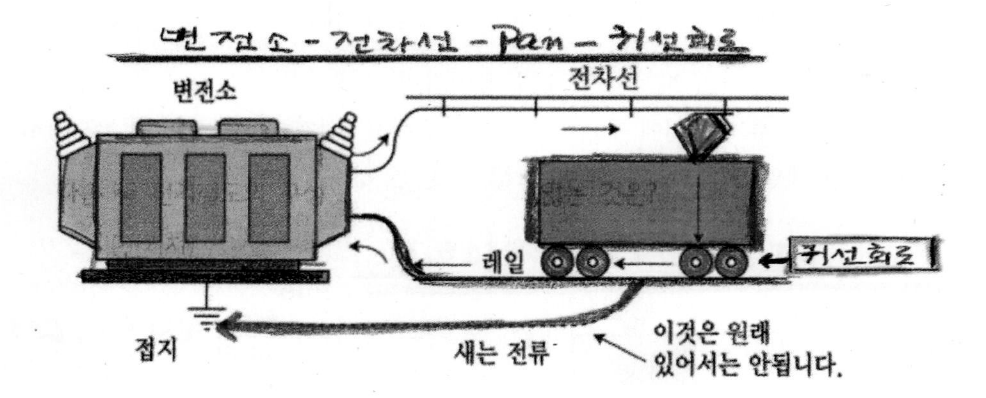

[귀선전류를 흐르게 하기 위한 본드]

2. 흡상변합기(BT: Booster Transformer) 급전방식

[흡상변압기(BT)급전방식]

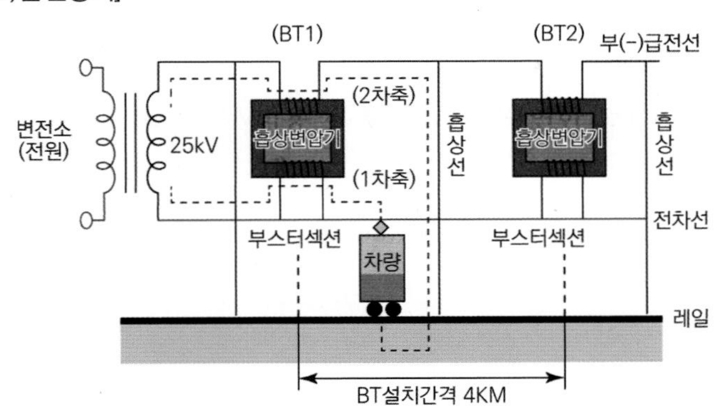

[직접급전방식의 단점인 유도 장해를 제거하기 위한 급전 방식은 없는가?]

- BT급전방식은 권선비 1:1의 특수변압기를 약 4km마다 설치하여 대지에 누설되는 전기차 귀전류를 BT작용에 의해 강제적으로 부급전선에 흡상시킨다.
- BT의 1, 2차측을 전차선과 부급전선(NF: Negative Feeder)에 각각 직렬로 접속시켜 통신선로의 유도장해를 경감시킨다.
- BT의 경우 현재 중앙선 덕소~봉양구간에서 유일하게 운용하고 있다. 그러나 최근 복선전철공사를 건설하면서 단권변압기(AT급전방식)로 바꾸고 있다.

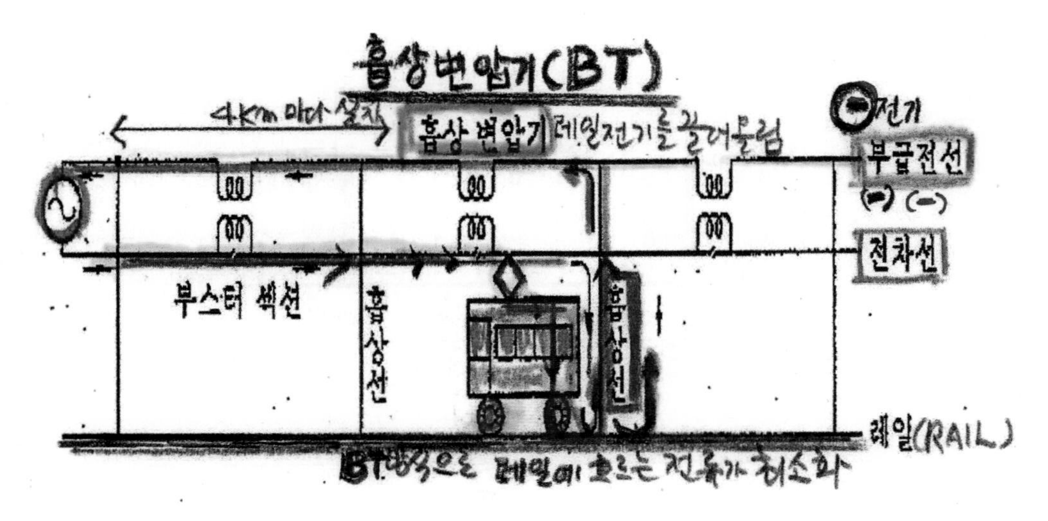

예제 **다음 중 흡상변압기 급전방식에서 BT(Booster Transformer)의 설치목적으로 맞는 것은?**

가. 지하 금속물 전식 억제
나. 전압강하 보완
다. 통신선로의 유도장해경감
라. 전압변동및 불평형해소

해설 흡상변압기 급전방식은 통신선로의 유도장해를 경감하는 방식이다.

예제 **다음 중 흡상변압기 급전방식에서 BT(Booster Transformer)의 권선비 및 설치간격은?**

가. 권선비 1:1, 설치간격 약 4km
나. 권선비 1:1, 설치간격 약 10km
다. 권선비 4:1, 설치간격 약 10km
라. 권선비 4:1, 설치간격 약 4km

해설 흡상변압기(BT) 급전방식은 권선비 1:1의 특수변압기를 약 4km마다 설치하는 방식이다.

[권선비]

- 변압기에서 고압 측 권선과 저압 측 권선에 감겨 있는 코일 수의 비.
- 일반적으로 일차 권선의 코일 수를 이차 권선의 코일 수로 나눈 값을 말한다.
- 전압비를 바꾸기 위한 탭을 가진 정전압변압기나 정전류변압기의 경우에는, 권선의 정격 전압에 해당하는 탭에서의 권수비를 사용한다.

3. 단권변압기 급전(AT: Auto-Transformer)방식

[단권변압기(AT)급전방식]

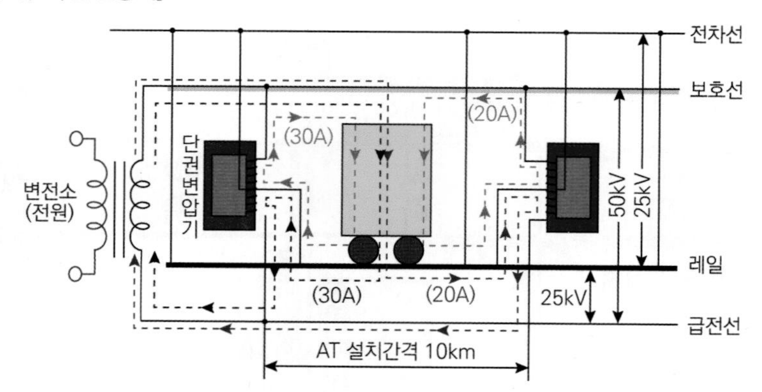

- 급전선과 전차선 사이에 10km간격으로 AT를 병렬로 설치하여 변압기 권선의 중성점을 RAIL에 접속하는 방식이다.
- 대용량 열차 부하에서도 전압변동, 전압 불평형이 적어 안정된 전력공급이 가능하다.

– 고속전철에도 이 방식을 채택하고 있으며, RAIL에 흐르는 전류는 차량을 중심으로 크기는 같지만 각각 반대방향의 AT쪽으로 흐르고 있기 때문에 근접 통신선에 대한 유도장해가 적게 되는 장점이 있다.

[단권변압기 급전방식]

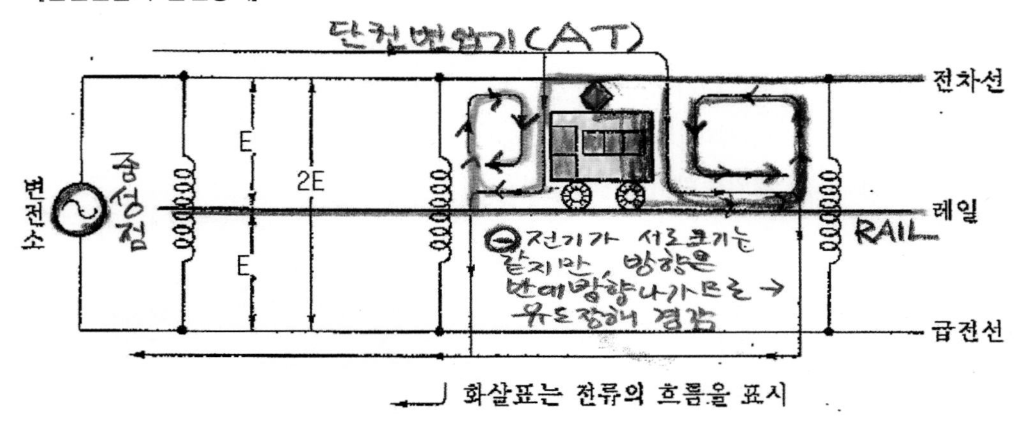

[변압기 중성점 접지]
1. 변압기나 부속기기의 절연레벨을 경감할 수 있다. 2. 기기의 보호를 할 수 있다. 3. 보호계전기 동작을 확실히 할 수 있다.

예제 **다음 중 교류전철방식에서 유도장해방지 및 전압강하라는 저감효과도 있는 방식은?**

가. M상 방식
나. 리액터방식
다. AT 방식
라. BT 방식

해설 단권변압기(AT) 급전방식의 장점에 대한 설명이다.

예제 **다음 중 전기철도 급전방식별 분류에 해당하지 않는 것은?**

가. AT 급전방식
나. BT 급전방식
다. 직접급전방식
라. 삼상변압기 급전방식

해설 급전방식별분류: 직접급전방식, 흡상변압기 급전방식, 단권변압기 급전방식

제3절 가공방식별 분류

1. 가공 단선식(가공: 전차선 위에 설치한다. 전기공급을 받는다)

- 전차선을 상부에 가선하고 운전용궤도를 귀선으로 하는 급전방식이다(레일을 통하여 부(-)의 전기가 전철변전소(S/S: Sub-Station)로 돌아간다).
- 가선구조가 간단하고 설비비 및 보수비가 저렴하다.
- 결점으로는 누설전류에 의 전식(전기적 부식)의 피해가 크다(전류가 노출된 상태로 귀선함에 따라 레일주변의 부식 우려).

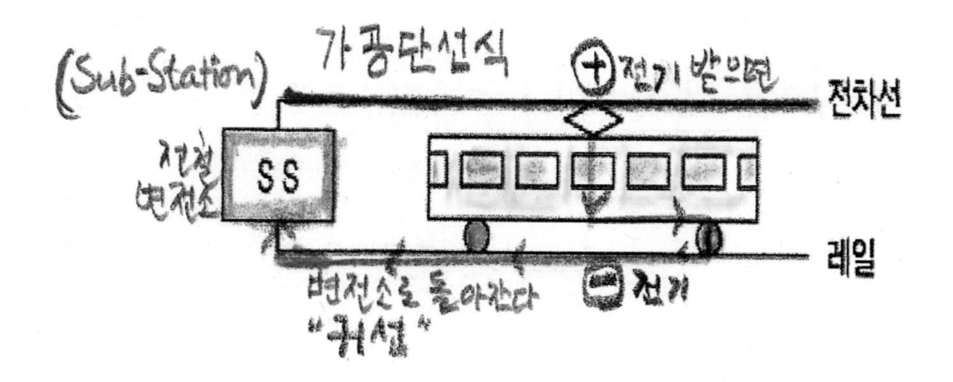

2. 가공 복선식(외국도시의 트램(Tram)에 사용하는 방식)

- 정(+), 부(-)2본의 전차선으로 궤도 상부에 가선하는 방식이다.
- 노면전차의 일부에 사용되는 가선방식이다.
- 가공 단선식보다 전식(전기적 부식)이 적다는 이점이 있다.
- 전차선의 설비가 복잡해지는 단점이 있다.

[전식]

- 궤도 등의 구간에서(특히 전동차의 습기가 많은 터널 등에서)
- 귀선(회귀)전류에 의해 레일이 부식하는 현상

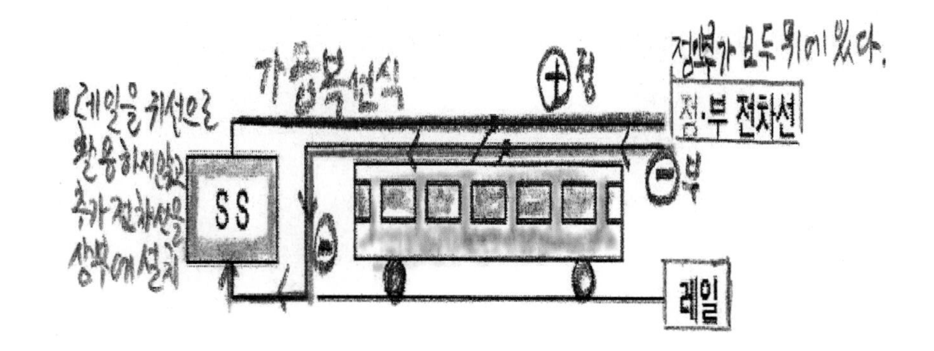

3. 3궤조식(용인경전철에 적용)

- 차선 대신 운전용 궤도와 병행으로 급전궤도를 부설하는 방식(사이드 궤조)이다.
- 집전 Shoe를 통해 밑에서부터 전기를 받는 방식이다.
- 지하철이나 터널에 활용되는 방식이다.
- 차량 밑에 있기 때문에 전압이 낮은 것을 쓴다.

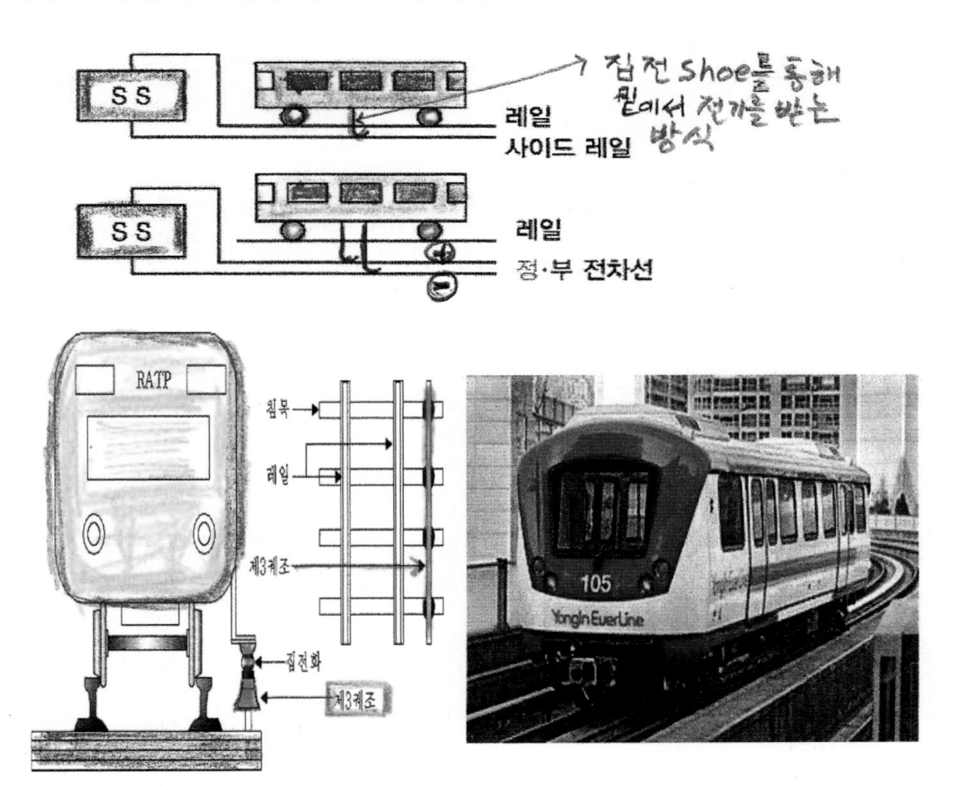

예제 다음 중 전기철도의 분류에서 가선방식에 의한 분류가 아닌 것은?

가. 제3궤조식 나. 가공복선식
다. 가공단선식 **라. 지하단선식**

해설 가선방식별분류: 가공단선식, 가공복선식, 제3궤조식

4. 전기차 형태에 의한 분류

1) 경전철(LRT: Light Rail Transit)

- 수송능력이 버스와 일반전철의 중간정도인 5,000~18,000명/시간
- 차량의 크기가 작고 노선계획의 탄력성으로 기존 도시철도에 비해 건설비가 저렴
- 차량운행의 완전자동화 및 역 업무의 무인자동화 등으로 운영비가 절감
- 구배가 큰 노선이나 곡선반경이 작은 노선의 격자형 도시구조에 적합

[경전철: 김포골드라인과 우이신설선]

2019년 7월 개통된 김포도시철도는 김포 양촌역에서 김포공항역을 잇는 23.7km 노선(총 10개 역)에 운영 중에 있다.

2) 중전철

중전철은 일반전철의 전기차를 말하며 여객수송을 목적으로 하는 전동차와 여객과 화물수송 겸용인 전기기관차로 구분

① 대형 전동차(서울교통공사 운행차량 대부분)
- 차체크기: 19,500(L)×3,120(W)×3,600(H)<mm>
- 승차정원: 150(운전실차), 160(중간차)<명>

② 중형전동차(인천, 대구, 대전)

– 차체크기: 17,500(L)×2,750(W)×3,600(H)<mm>

– 승차정원: 116(운전실차), 124(중간차)<명>

[대형전동차와 중형전동차]

대형전동차(서울교통공사 운행차량 대부분)

중형전동차: 인천지하철 1호선 전동차

전기철도의 급전계통

제1절 급전계통의 구성 및 특성

1. 급전계통의 구성

- 전철급전계통이란 변전소로부터 급전거리, 전압강하, 사고 시의 구분, 보수 등을 고려하여 전차선로를 적당한 구간으로 나누어 급전, 정전이 가능하도록 한 전기적인 계통구성을 말한다.
- 왜? 이렇게 나누어 줄까? 사고 시에 구분해서 사고수습을 함으로써 다른 구간에 악영향을 미치지 않게 해 주려는 의도에서이다. 어떤 선로에 문제가 생겨 단전이 되었다고 하자. 출발 역에 종착역까지 15대 차량이 운행 중인데 단전이 되었다면 전 구간의 모든 차량의 운행이 금지된다. 이런 문제에 대응하기 위하여 전차선을 나누어 급전하고, 정전에 대비하는 것이다.

2. 급전계통의 특성

- 전철 급전계통은 동력원의 전기가 정전되면 열차운행이 정지되므로 고신뢰도, 고안정도의 전원설비가 요구된다.
- 전철부하는 차량의 특성상 기동, 정지가 빈번하게 반복되고 그 위치가 이동하기 때문에 부하의 크기(얼마나 전기를 많이 먹느냐) 및 시간적 변동이 극히 심하다.

예제 **다음 중 일반 전기부하의 특성과 비교하여 전철 급전계통 부하의 특성으로 맞는 것은?**

가. 보호설비의 필요성이 감소하였다.

나. 비접지방식이다.

다. 부하의 크기 및 시간적 변동이 극히 심하다.

라. 전력공급은 전차선만을 공급한다.

해설 전철급전계통 부하의 특성으로 부하의 크기 및 시간적 변동이 극히 심하다.

제2절 급전계통의 운용 및 분리

1. 급전계통의 운용조건

- 전차선 전압이 차량의 운전에 영향을 주지 않는 일정한 범위를 유지(예컨대, DC1,500V가 2500V로 올라가거나, 750V로 떨어지면 운전에 영향을 주게 된다)한다.
- 전류용량이 차량부하에 충분히 견딜 수 있도록 하여야 한다.
- 변전소, 전차선로, 차량 간의 절연 협조가 충분히 검토되어 요구되는 절연강도, 절연이격이 확보되어야 한다.
- 보수작업 및 사고 발생 시 신속하게 사고 개소를 구분해야 한다(짧은 구간에 차량이 많이 들어가 있어도 전류용량이 충분히 견뎌 주어야 한다. 그래야 다른 열차가 운행하는데 무리가 없게 된다. 다른 열차에 영향이 미치지 않도록 구분해 주는 것이다).

2. 급전계통의 분리

1) 급전별 분리

- 사고 시 대응이나 유지보수를 하기 위해서는 적당히 구간을 분리시켜야 한다.
- 급전 별 분리는 인접 변전소와 상호계통 운전을 원칙으로 한다.
- 각 변전소별로 전압 위상별, 방면별, 상하선별로 구분하여 급전한다.
- 사고 시 열차 운전에 영향 최소화, 인접변전소로부터의 연장급선도 고려한다.

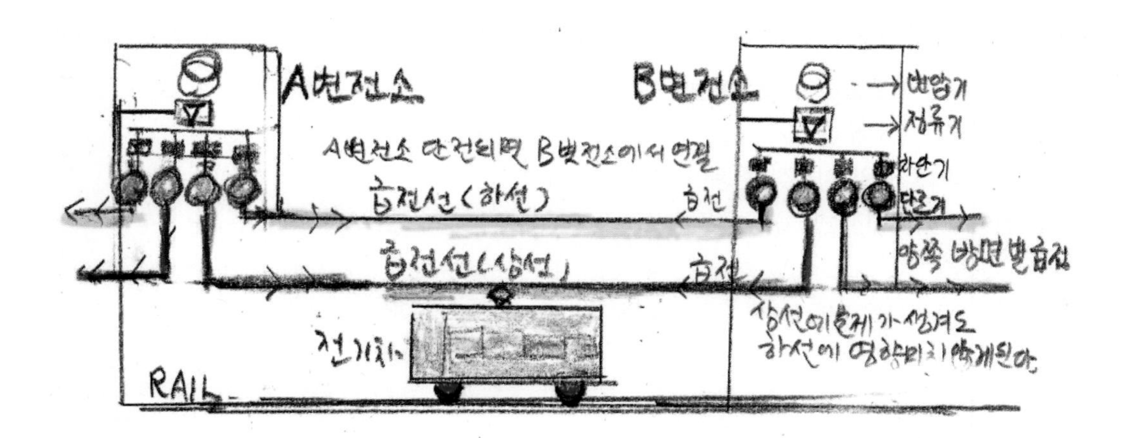

2) 본선 간의 분리

본선 간 분리는 동일 계통 급전구간에 사고 발생 시 해당 구간을 분리하고 급전할 수 있도록 급전 구분소(SP) 및 보조 구분소(SSP)를 두어 구분한다.

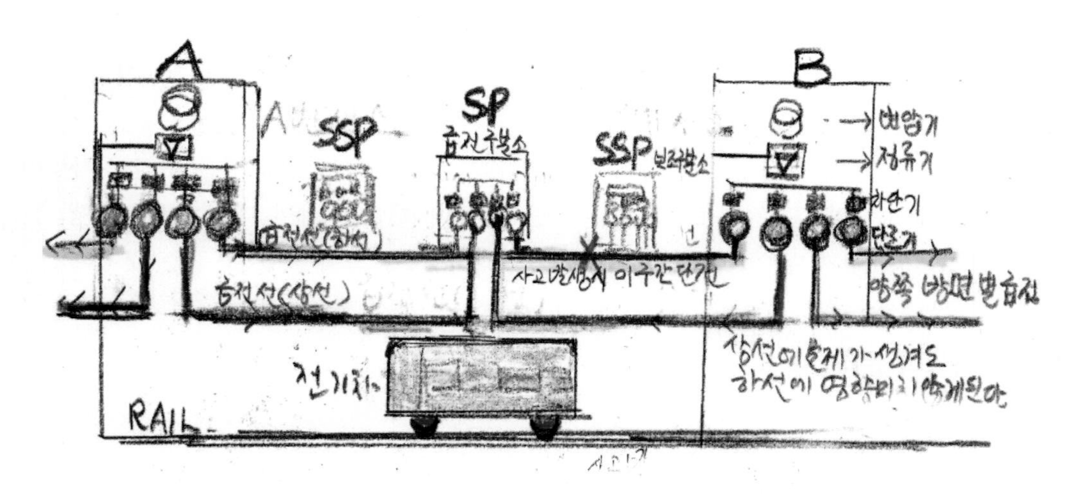

3. 본선과 측선의 분리

주요 역 구내의 전차선을 분리하여 상하선 별 다른 급전계통으로부터 상호 급전이 가능하도록 하거나 측선에서 사고발생 시 본선과 분리하여 열차 운행을 할 수 있도록 하는 것이다.

예제 **다음 중 급전계통의 분리에 있어서 본선과 측선을 분리하는 목적은?**

가. 측선에서 사고발생 시 부본선에 영향을 주지 않기 위함

나. 측선에서 사고발생 시 본선에 영향을 주지 않기 위함

다. 본선에서 사고발생 시 부본선에 영향을 주지 않기 위함

라. 본선에서 사고발생 시 측선에 영향을 주지 않기 위함

해설 주요역 구내의 전차선을 분리하여 상하선별 다른 급전 계통으로부터 상호 급전이 가능하도록 하거나 측선에서 사고발생 시 본선과 분리하여 열차 운행을 할 수 있도록 하는 것이다.

4. 차량기지와 본선과의 분리

차량기지는 수많은 열차가 대기 및 정비를 하고 있다. 그러므로 차량의 장애에 의한 전차선로의 차단 등이 일어난다. 전차선로가 차단되면 운행 중인 열차에 지장을 주거나 본선계통의 사고에 의한 구내의 검수 등에 영향을 미치기 때문에 본선으로부터 분리하여 별도의 급전이 할 필요가 있다.

예제 **다음 중 전철급전 계통 구성 시 고려하여야 할 사항이 아닌 것은?**

가. 사고 시 구분　　　나. 전압강하

다. 급전거리　　　**라. 차량형식**

해설 전철급전계통 구성 시 고려사항:
변전소로부터 급전거리, 전압강하, 사고시의 구분, 보수 등을 고려한다.

예제 **다음중 급전계통을 분리하는 개소로 적합하지 않은 것은?**

가. 본선과 본선 간의 분리　　　나. 측선과 본선간의 분리

다. 차량기지와 본선 간의 분리　　　**라. 본선과 건널선 간의 분리**

해설 급전계통의 분리: 급전별 분리, 본선간의 분리, 본선과 측선의 분리, 차량기지와 본선과의 분리

전차선로와 열차운전

제1절 절연구간의 필요성과 설치 기준

1. 절연구간(Neutral Section) (실기시험 치르려면 절연구간은 수없이 반복해서 수강, 복습해야 함)

- 전기차에 공급되는 이종(異種)의 전기방식인 교/직류간의 연결부분이나 교류방식에서 전기공급변전소가 다른 경우
- 또는 변전소와 변전소 간 및 동일 변전소에 공급되는 이상(異相)전기를 구분하기 위하여 전차선의 일정한 길이를 전기가 통하지 않는 물체(FRP)로 구분하는 장치

[교직절연구간이 필요한 이유]

① 전력방식이 다르다.
② 신호체계가 다르다.
③ 통행방향이 다르다.

[교교절연구간이 필요한 이유]

① 급전되는 교류의 주파수가 다르다.
② 교류의 위상차가 다르다.
③ 교류의 급전 변압방식이 다르다(흔히 AT ↔ BT).
④ 회사간 전력 급전시스템이 다르다.

– 교류그래프에서 값이 0이 되거나 최대값이나 최소값에 이르는 점의 X좌표가 다를 때 이를 교류에서는 “빠르다 느리다”로 판단한다.

※ FRP(Fiberglass Reinforced Plastic: 섬유강화플라스틱)

예제 **다음 중 틀린 것은?**

가. 경원선 용산역 ~ 이촌간 교/교 사구간의 거리는 110m이다.

나. 교/교 절연구간의 길이는 22m이며 2m용 FRP 11개를 연결한 구조이다.

다. 궤도회로의 사구간의 최고 길이는 20m 이상이다.

라. 동력운전표지는 절연구간 종단지점에서 210m 떨어진 지점에 설치한다.

해설 궤도회로의 단락이 불가능한 곳을 사구간(Dead Section)이라 하는데 사구간의 길이는 7m를 넘지 않도록 해야 한다.

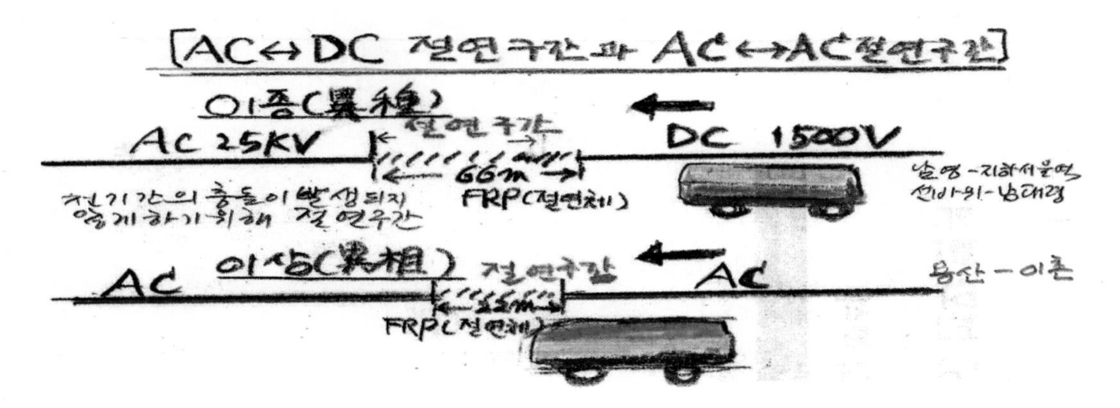

1) 교류/직류 절연구간

– 길이: 66m

– 이종 전기구분

2) 교류/교류 절연구간

– 길이: 22m

– 이상 전기구분

2. 절연구간 산정기준

– 절연구간 통과 시에는 전기차가 동력이 없는 상태로 타행(역행을 멈추고, 관성의 힘으로 운행. 노치를 OFF한 상태)으로 운행하여야 하기 때문에
– 가급적 평탄지 또는 하구배 및 직선구간에 설치

[절연구간 적정위치선정조건]
– 곡선반경(R) = 800m 이상(곡선이 완만한 장소에 설치)
– 평지또는 하구배
– 상구배 = 5% 이내

예제 **다음 중 절연구간의 설정 기준으로 맞지 않는 것은?**

가. 평지 또는 하구배에 설치한다.
나. 직선이 아닐 경우 곡선반경이 600m 이상인 지점에 설치한다.
다. 가급적 직선구간에 설치한다.
라. 상구배일 경우는 5% 이내에 설치한다.

해설 적정위치선정조건: 곡선반경R = 800m 이상, 평지 또는 하구배, 상구배 5% 이내, 가급적 직선구간에 설치한다.

예제 **다음 중 전차선에 설치하는 절연구간에 대한 설정기준에 관한 설명으로 틀린 것은?**

가. 교류와 교류 절연구간의 길이는 22m이다.
나. 곡선반경(R) = 700m 이상 개소에 설치한다.

다. 타행구간을 원활하게 하기 위해 가급적 평탄지 또는 하구배 및 직선구간에 설치
라. 청량리와 서울역 지상부에 설치된 교류와 직류 절연구간은 66m이다.

해설 절연구간은 곡선반경(R) = 800m 이상 개소에 설치한다.

제2절 절연구간의 열차운전

1. 가선절연 구분장치의 구조

1) 교교절연구간

– 서로 상이 다르기 때문에 상 충돌을 방지해 주기 위해 만든다.
– 교류/교류 전열구간의 길이는 22m이며 2m용 FRP(절연체) 11개를 연결한 구조이다.

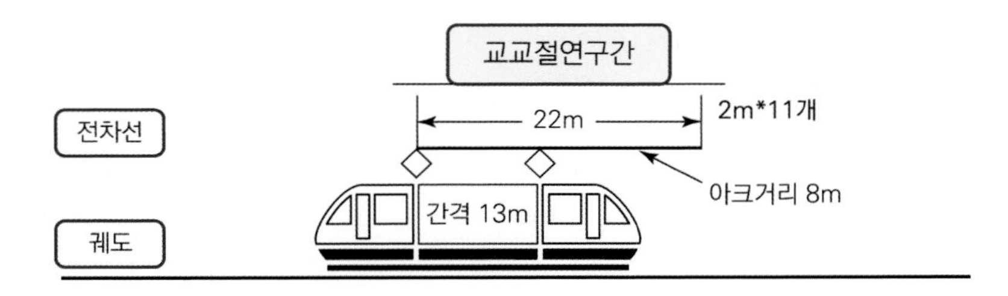

2) 교직절연구간

– 교류/직류절연구간의 길이는 66m이다.
– (2m(FRP) × 11개) + 22m전차선(무가압) + (2m(FRP) × 11개)로 되어 있다.
– 전차선 부분은 평시는 가압되어 있지 않다.

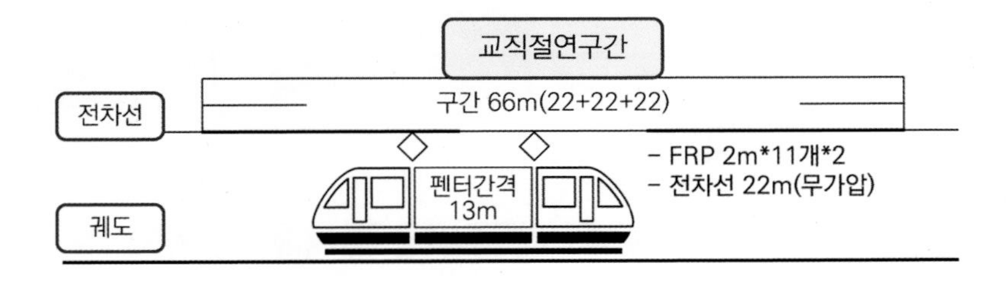

[절연구간(Neutral Section) 설치 현황]

노 선	절연구간 설치현황	구 분	길 이
경부선~지하철 1호선~경원선	서울역~남영역간 지하청량리역~청량리역간	직류/교류	66m
과천선~지하철 4호선	남태령역~선바위역간	직류/교류	66m
국철 경원전철	회룡역~의정부역간 용산역~이촌역간	교류/교류	22m 110m
국철 망우전철	성북역~망우역간	〃	22m
국철 중앙전철	청량리역~망우역간	〃	42m
국철 경부전철	구로역~가리봉역간 군포역~부곡역간	〃	22m 22m
국철 경인전철	구일역~개봉역간 주안역~동인천역간 송내역~부개역간	〃	22m 22m 22m
국철 안산전철	금정역~산본역간	〃	22m
국철 분당선	모란역~야탑역간	〃	22m

2. 운전관련 절연구간 각 표지류와 설치기준

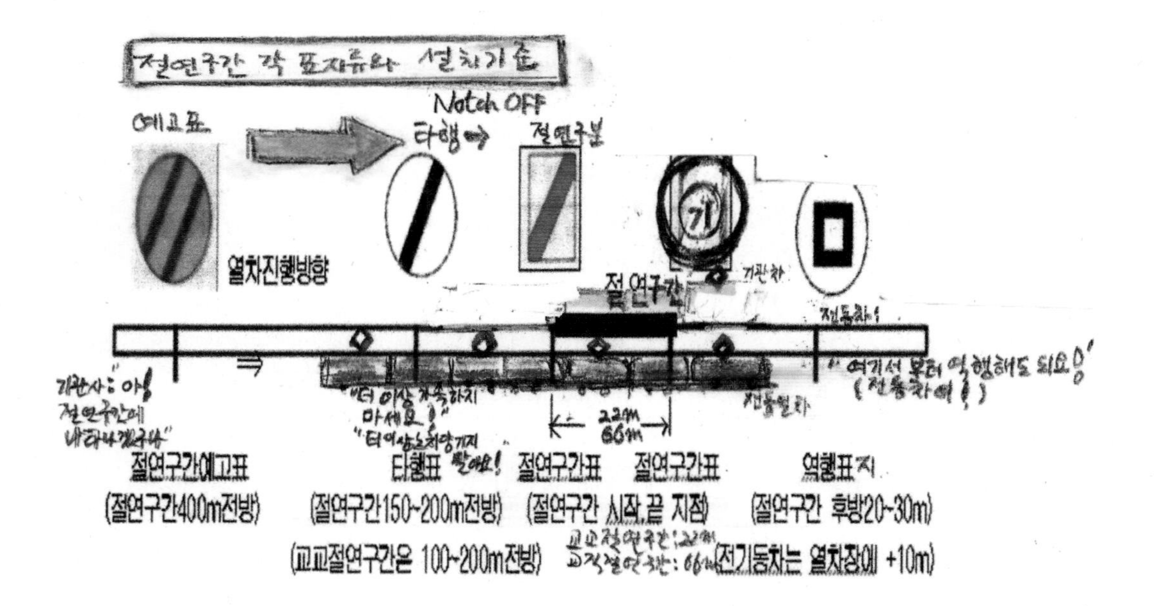

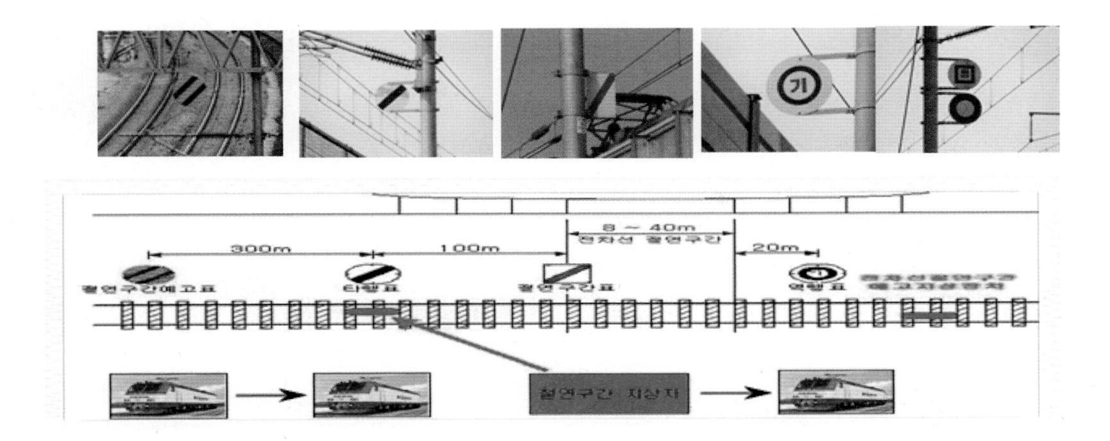

3. 절연구간의 열차운전방법

1) 교/교 절연구간

- 절연구간에 열차 접근 시 수동으로 Notch off하고(역행을 멈춘다)
- 절연구간을 타행으로 통과한 후
- 수동으로 Notch on

2) 교/직 연결구간

- 절연구간에 열차 접근 시 수동으로 Notch off한 후
- 교직절환스위치를 조작하고
- 절연구간을 타행으로 통과한 후
- 수동으로 Notch on

4. 절연구간 운전 미 취급(판오바: Pan-Over)과 시설 장해

1) 모든 절연구간을 Notch Off하지 않고 통과 시

- 가속하고 역행하는 상태에서 통과 시에는 절연구간 장치에 아크가 발생하여 전차선로의 제반설비의 수명을 단축시킬 뿐 아니라
- 이상 전압 등으로 인해 발전기의 계전기를 동작시켜 트립 등이 발생된다(단전되는 상황까지 갈 수 있다).

2) 교직절연구간에서 교직절환스위치(ADS) 미 조작상태로 절연구간 통과 시

- 전기차는 (절연구간이므로)무전압을 감시하여 전동차 주회로를 차단(MCB라고 하는 주차단기를 자동으로 차단)하는 보호회로 기기가 동작되나
- 보호회로 기기 동작 전에 (MCB가 차단되지 않은 상태에서 DC구간을 들어가면) 직류구간으로 진입 시 전동차의 휴즈와 피뢰기를 소손하는 사고가 발생됨

예제 **다음 중 전차선로 절연구간에서의 운전취급에 관한 설명으로 틀린 것은?**

가. 앞의 팬터 이후 팬터(Pan)가 교직절연구간에 정차 시 퇴행운전한다.

나. 교/직절환스위치 미 조작상태로 절연구간 통과시 전기차는 무전압을 감시하여 전동차 주회로를 자동차단하는 보호회로 기기가 동작한다.

다. 모든 절연구간을 Notch off하지 않고 통과시 절연구간장치에는 아크가 발생하여 전차선로의 제설비의 수명을 단축시킬 뿐만 아니라 이상 전압 등으로 인해 변전소의 계전기를 동작시켜 트립등이 발생한다.

라. 퇴행일 경우 관제사에게 보고하여 퇴행 승인을 얻는다.

해설 앞의 팬터그래프 이후 팬터그래프가 교직절연구간에 정차 시 그대로 인출하여 전도운전한다.

5. 절연구간 열차정지시 조치방법

1) 전기동차가 교교절연구간에 정차한 경우

① 퇴행일 경우 관제사에게 보고하여 퇴행 승인을 얻는다("제가(기관사) 보니까 뒤로 갈 수 있을 것 같아요!").

② 회생제동을 차단하고 차장과 협의하여 적당 지점까지 타력으로 퇴행 또는 진출(25Km/H 이하)한 다음 MCB차단 시 투입 후 계속 운전한다(제동장치: 전기제동과 공기제동으로 나누어지는데, 전기제동 중에 하나가 회생제동이다).

[회생제동]

- 전동기가 막 돌다가 제동 취급하면 전동기는 전기공급을 멈추지만
- 차륜은 계속 돌아가기 때문에 운동에너지가 전기에너지로 바뀌고,
- 이 전기에너지는 가속의 반대 방향으로 만들어지게 된다.

-이렇게 만들어진 전기를 전차선으로 올려준다.

※절연구간은 전차선이 아니어서 회생제동전기가 들어가면 문제가 생기므로 회생제동을 사전에 차단시킨다.

2) 전기동차가 교직절연구간에 정차한 경우

[앞의 Pan 1개가 절연구간에 정차 또는 앞의 팬터그래프가 절연구간에 인접하여 정차한 경우]

① 가선전원과 ADS(교/직절환스위치)위치를 합치시켜 MCB를 투입한다(AC→DC로 들어간다면 AC로 합치시킨다. 아직 DC구간 아니므로).

② 퇴행일 경우 관제사에게 보고하여 퇴행 승인을 얻는다.

③ 회생제동을 차단하고 차장과 협의하여 일정거리까지 퇴행(25Km/H 이하)한 후 절연구간 전방에서 교직절환하여 계속 운전한다.

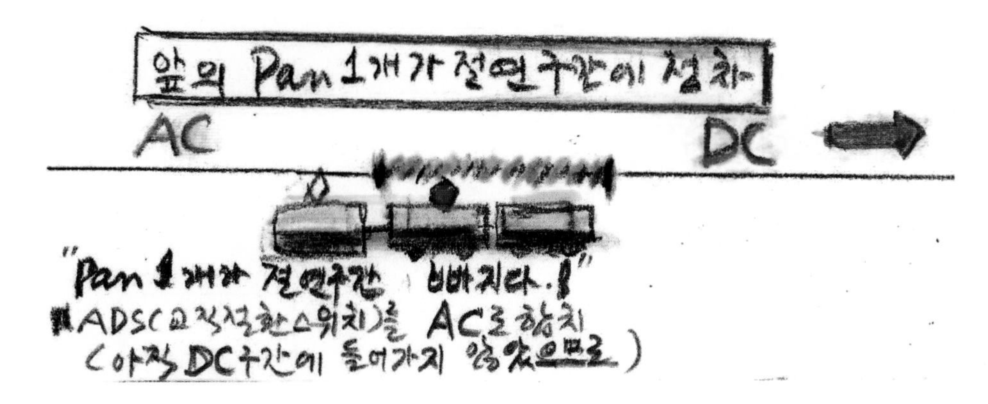

[앞의 팬터그래프 이후의 팬터그래프가 절연구간에 정차한 경우]

① 앞의 유니트의 MCB가 투입되어 있으므로 그대로 인출하여 전도운전한다.

제3절 열차운전관련 각종 표지류

1. 가선 종단표

- 전차선로가 끝나는 지점에 설치하여 더 이상 전차선이 없음을 표지(선로는 보이는데, 위에 전차선이 없다. 이 경우는 주로 위의 전차선을 필요로 하지 않는 디젤차 등이 들어가는 구간이다.)
- 운전방법: 전기기관차, 전기동차는 이 표지를 넘어서 운전하지 못한다.

2. 구분표

- 전차선의 급전구분장치 시작 지점에 설치,
- 같은 상의 전기를 분리할 때나 측선이나 본선 등 작업 시 정전으로 분리될 경우 사고시 정전구간의 폭을 줄여 사고의 영향파급 범위를 줄이기 위해 구분되는 장소 마다 구분표가 설치된다.
- 운전방법: 전기 차 운전 중 팬터그래프가 전차선 구분장치에 걸리지 않도록 하여야 한다(머무르거나, 정지하면 장애가 발생).

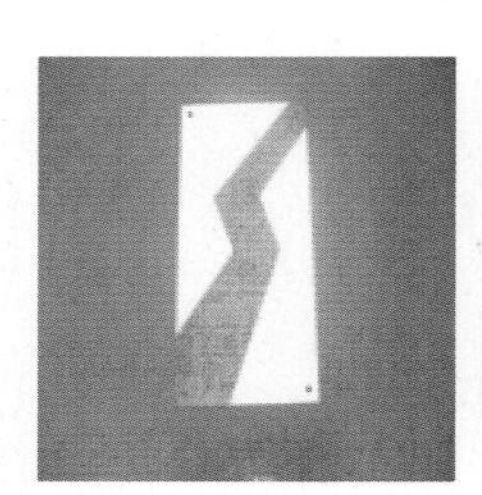

가선종단표

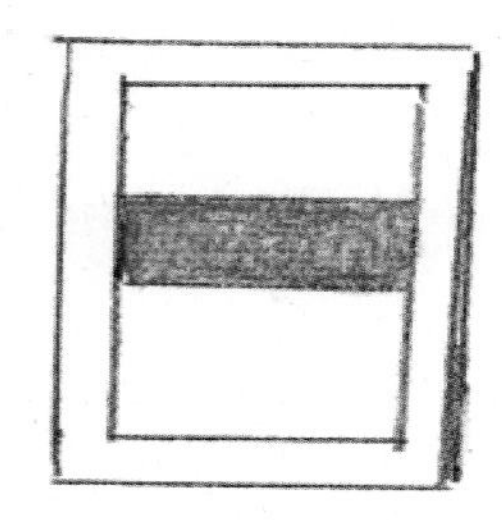

구분표

예제 **다음 중 전차선로가 끝나는 지점에 설치하여 전차선이 없음을 알리는 표지는?**

가. 팬터내림표 　　 나. 급전구분표
다. 사구간표 　　 **라. 가선종단표**

해설 가선종단표에 대한 설명이다.

제4절 팬터 내림 예고표 및 팬터 내림표

- 전차선 작업 시에 기관사에게 작업장소를 알려 운전에 지장이 없도록 하기 위한 표시이다.
- 팬터내림예고표는 작업 전방 200M 이상(곡선은 400M 이상: 전방시야 확보가 되지 않으므로 좀 더 먼 곳에 예고표를 설치해준다) 지점에 설치한다.
- 팬터내림표는 작업 전방 20M 이상 지점에 설치한다.
- 운전방법: 예고표지를 확인하고 관계처(관제사, 역운전)에 무선교신으로 작업 확인 후 지시에 따르거나 작업장소 접근 시(내림표지점) 먼저 주의 기적을 울리고 Pan을 하강시켜 타력으로 통과하여야 한다.

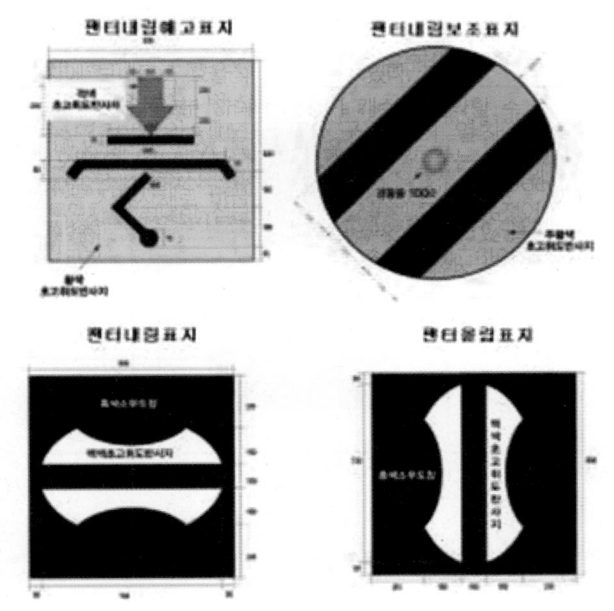

예제 다음 중 열차운전과 관련된 전차선로의 표지류에 관한 설명으로 틀린 것은?

가. 팬터내림예고표는 작업 전방 200m 이상(곡선구간은 400m 이상) 지점에 설치한다.

나. 예고표지를 확인한 기관사는 작업장소 접근 시 주의 기적을 울리고 Pan을 하강시켜 타력으로 운전한다.

다. 가선종단표지가 설치된 구간에는 전기차가 진입할 수 없다.

라. 전차선 작업 시 팬터내림표는 작업 전방 50m에 설치한다.

해설 팬터내림표는 작업 전방 20m 이상 지점에 설치한다.

제5절 전차선 작업표시

- 전기직원이 역 구내외 본선에서 작업을 할 때, 그 작업지점을 표시하기 위하여 전차선 작업장소 200미터(곡선구간 400미터 이상) 전방에 설치한다.
- 운전방법: 전차선 작업표시를 확인하였을 경우에는 주의 기적을 울려 열차 접근을 알려야 한다(기적을 빵빵 울려 "열차가 들어 갑니다." Pan을 내릴 필요는 없다).

[전차선 작업표시]

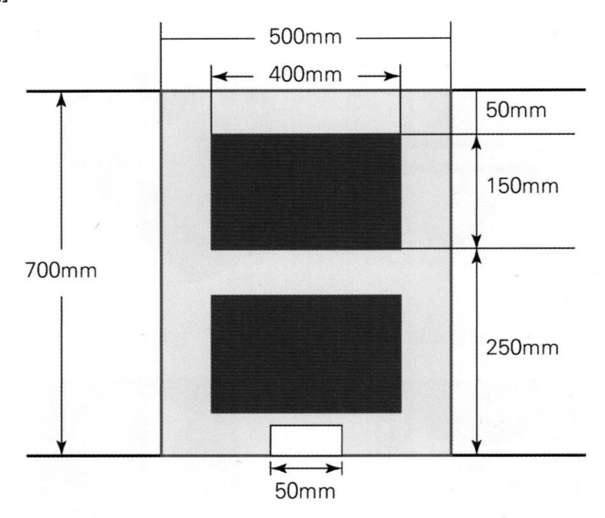

예제 **다음 중 전기직원이 역구내외 본선에서 작업 시 그 작업지점을 표시하기 위하여 직선개소에서는 전차선 작업표지를 설치하는 거리는?**

가. 전차선 작업장소 200(m) 전방에 설치 나. 전차선 작업장소 250(m) 전방에 설치
다. 전차선 작업장소 150(m) 전방에 설치 라. 전차선 작업장소 100(m) 전방에 설치

해설 전기직원이 역구내외 본선에서 작업을 할 때, 그 작업지점을 표시하기 위하여 전차선 작업장소 200m (곡선구간 400m 이상) 전방에 설치한다.

제5장

전차선로 설비

[전차선로란?]

– 집전창치를 통하여 전기차량에 전력을 공급하기 위해

– 선로연변에 설치한 전선로 및 전선로를 지지하기 위한 지지물을 전차선로라고 한다.

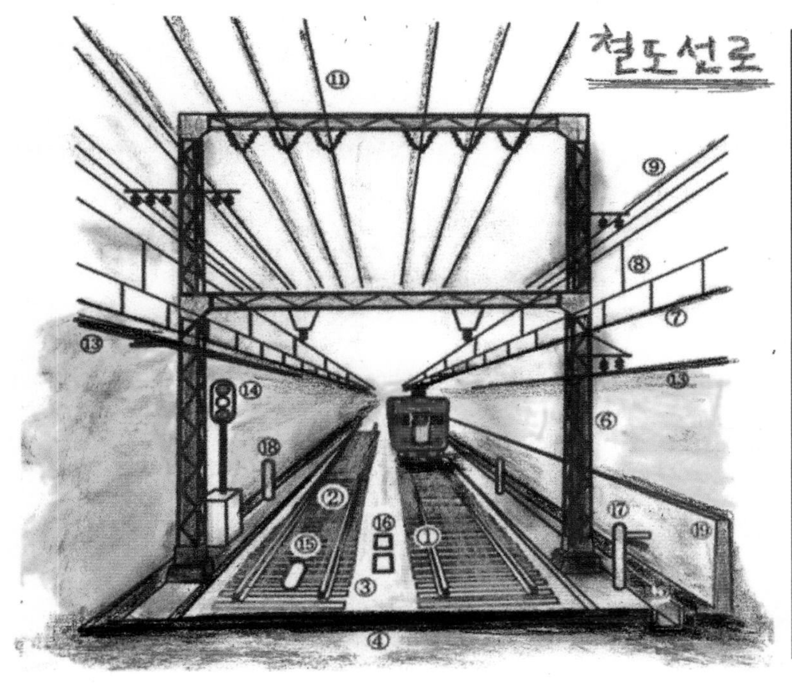

구성	구분
① 레일 ② 침목 ③ 도상	궤도
④ 노반	노반
⑤ 측구 ⑥ 철주 ⑦ 전차선 ⑧ 조기선 ⑨ 급전선 ⑩ 고압선 (동력·신호) ⑪ 특별고압선 ⑫ 통신선 ⑬ 부급전선 ⑭ 신호기 ⑮ ATS지상자 ⑯ 임피던스·본드 ⑰ 구배표 ⑱ km정표 ⑲ 방음벽	선 로 구조물

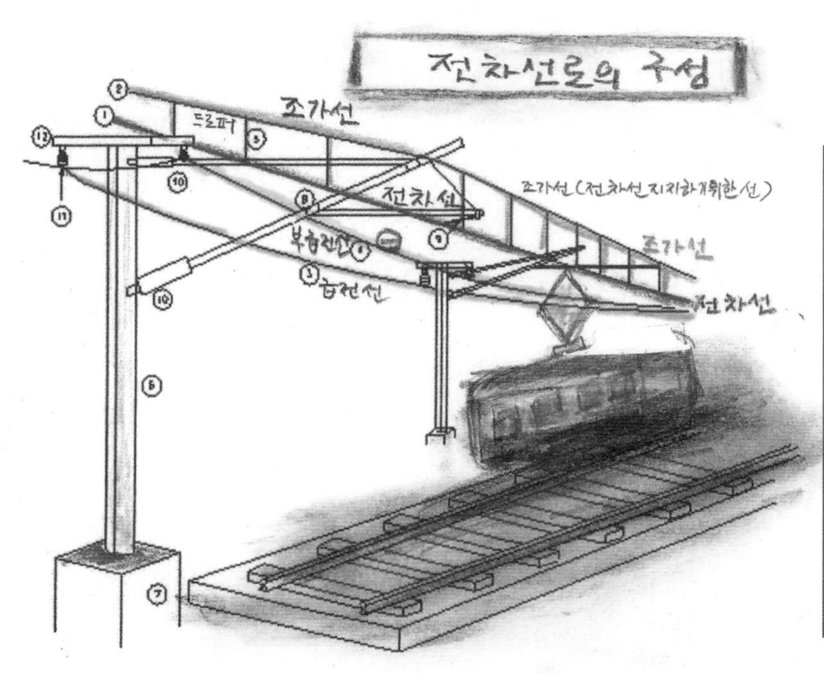

번호	명 칭
1	전차선
2	조가선
3	급전선
4	부(-)급전선
5	드롭퍼
6	H형 전주
7	전주기초
8	가동브래킷
9	곡선당김금구
10	장간애자
11	현수애자
12	완철

예제 **다음 중 집전장치를 통하여 전기차량에 전력을 공급하기 위해 선로연변에 설치한 전선로 및 전선로를 지지하기 위한 지지물은?**

가. 고배선로　　　나. 급전선로
다. 전차선로　　　라. 조가선

해설 집전장치를 통하여 전기차량에 전력을 공급하기 위해 선로연변에 설치한 전선로 및 전선로를 지지하기 위한 지지물을 전차선로라 한다.

예제 **다음 중 교류25kV 일반철도 가공전차선로 구간에서 레일면상 전차선 표준높이는?**

가. 4,700mm　　　**나. 5,200mm**
다. 5,100mm　　　라. 4,850mm

해설 전차선의 높이: 레일면상에서 5,200mm를 표준으로 한다.

제1절 전차선로의 구비조건

(1) 기계적 강도가 커서 자중뿐 아니라 강풍에 의한 횡방향하중, 적설결빙 등의 수직 방향 하중에 견딜 수 있을 것.

(2) 도전율(전기의 흐름)이 크고 내열성이 좋을 것

(3) 굴곡에 강할 것(전차선의 취급을 용이하게 하기 위해 어느 정도의 굴곡에 견뎌야 함)

(4) 건설 및 유지비용이 적을 것

(5) 마모에 강할 것

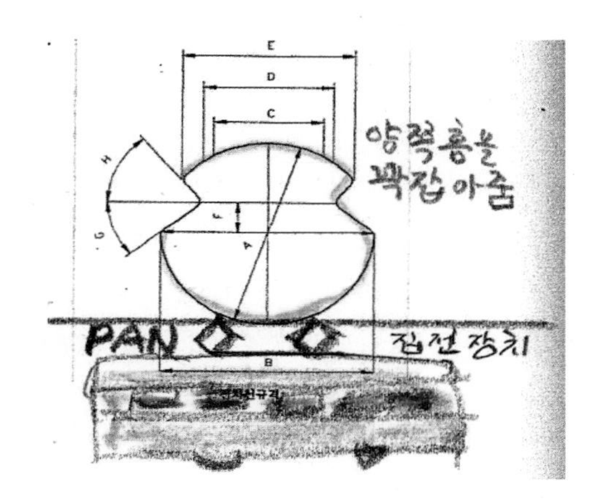

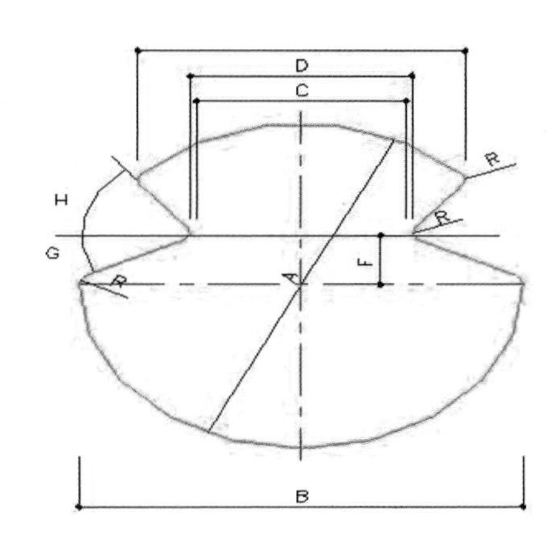

예제 **다음 중 대 부하전류, 고장력구간에서 사용하는 홈경동선 전차선 단면적으로 맞는 것은?**

가. 190㎟

나. 110㎟(일반용 단면적)

다. 170㎟

라. 210㎟

해설 대 부하전류, 고장력구간에는 단면적 170㎟의 전차선을 사용한다.

예제 **다음 중 전차선에 요구되는 성능이 아닌 것은?**

가. 선팽창계수가 클 것

나. 집전율이 높을 것

다. 내열성이 우수할 것

라. 전류용량이 클 것

해설 선팽창계수가 작을 것

제2절 전차선 높이와 편위

(1) 레일면상에서 5,200mm의 높이를 표준

−최고 5,400mm, 최저 5,000mm. 단 터널, 구름다리, 육교, 교량 및 역사 등 부득이한 경우 산업 선에 한하여 최저 4,850mm으로 한다.

(2) 강체가선구간(지하 터널 내에 있는 가선구간 협소하므로)에서는 레일면상 4,750mm를 표준으로 한다.

(3) 전차선과 궤도중심선과의 거리를 편위라 한다(전차선이 중앙에서 일직선이라면 Pan 가운데 부분만 닳아버리게 된다. Pan의 편마모를 방지해 주기 위하여 지그제그로 선로를 구성).

(4) 전차선 편위(중앙에서 벗어난 길이)의 한계는 팬터그래프의 집전 유효 폭을 약 1m로 보고 차량의 동요에 따른 팬터그래프 경사를 고려하여 최대를 좌우 250mm로, 표준 편위를 200mm로 정한다.

(5) 편마모를 방지하기 위하여 직선로 및 곡선반경 1,600m 이상의 선로에서는 전주 2개 사이를 일주기로 좌우 교대로 200mm의 편위(지그재그 가선: Pan의 편마모를 방지해 주기 위해서)를 두도록 한다.

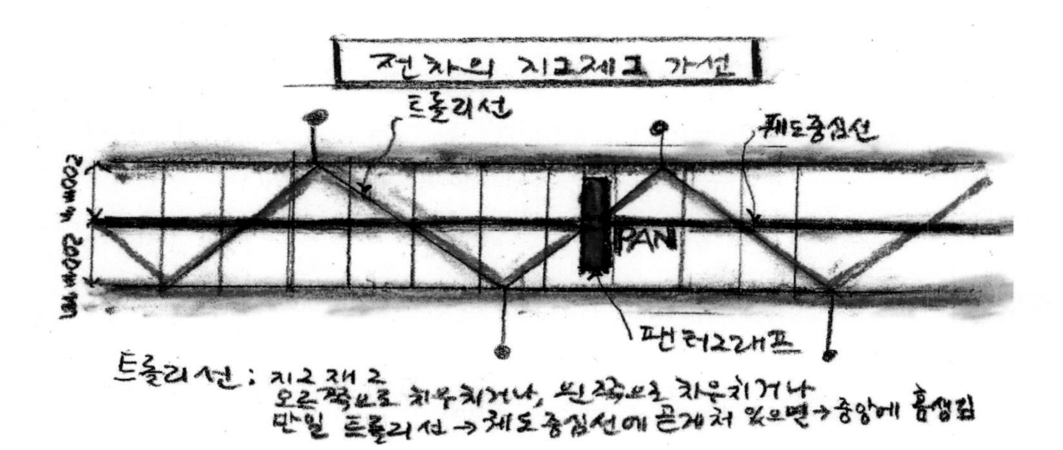

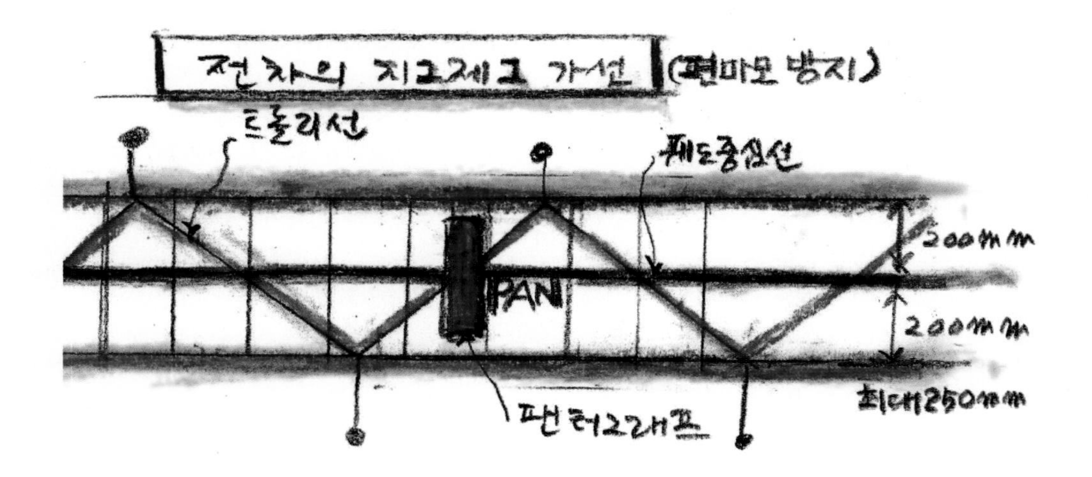

예제 **다음 중 전차선 가선 시 지그재그 편위를 주는 목적으로 맞는 것은?**

가. 팬터그래프의 진동방지
나. 전차선의 진동을 방지
다. 팬터그래프의 편마모방지
라. 전차선의 편마모방지

해설 팬터그래프가 접촉판의 한 부분만을 연속하여 전차선과 접촉하면 편마모의 원인이 된다.

예제 **다음 중 전차선의 편위에 관한 설명으로 틀린 것은?**

가. 팬터그래프를 위해 전차선을 지그재그 가선한다.
나. 전차선이 궤도중심에서 벗어난 거리
다. 그래프의 습판재질이 좋으면 편위와는 상관없다.
라. 최대 250mm로 하고 200mm를 표준으로 전차선의 편위한계를 정한다.

해설 팬터그래프가 접촉판의 한 부분만을 연속하여 전차선과 접촉하면 편마모의 원인이 되며 접촉판이 파손될 위험이 있으므로 이것을 방지하기 위하여 편위를 둔다.

예제 **다음 중 전차선 편위의 표준 및 허용범위는?**

가. 표준편위 200mm, 최대 좌우 250mm
나. 표준편위 300mm, 최대 좌우 500mm
다. 표준편위 150mm, 최대 좌우 200mm
라. 표준편위 250mm, 최대 좌우 300mm

해설 전차선 편위의표준은 200mm이며, 허용범위는 최대 좌·우 250mm이다.

예제 **다음 중 교류25kV 일반철도 가공전차선로 구간에서 레일면상 전차선 표준높이는?**

가. 4,700mm　　　　나. 5,200mm

다. 5,100mm　　　　라. 4,850mm

해설 전차선의 높이: 레일면상에서 5,200mm가 표준이다.

제3절 전차선 조가방법

- 전차선을 궤도면에서 일정 높이로 매달아서 설치하는 것을 조가방식이라 한다.
- 조가선이라고 하는 것은 가공 전차선에 주로 사용되는 전선으로 전차선을 같은 높이로 수평하게 유지시키기 위하여 드로퍼, 행거등을 이용하여 조가하여 주는 전선을 말한다.

[전차선을 지지하는 방법에 따라 분류]

(1) 직접 조가방식

(2) 커티너리(현수)조가방식

(3) 강체조가방식

직접 조가방식　　Simple 카테너리방식

– 전차선은 전동차에 전기를 공급하는 전선이다. 영어로 트롤리선이라고도 한다. 전차선은 카테리나방식과 강체방식으로 나눈다.
– 카테리나방식은 지상에서 적용되는 전선방식이고
– 강체방식은 지하공간 천장에 쇳덩어리를 붙이는 방식이다.
– 카테리나방식에서 전차선은 조가선에 의하여 일정한 높이로 균일하게 유지되어 있다.
– 조가선은 이 역할 말고도 전차선의 저항을 줄여주는 역할도 한다.

예제 **다음 중 전기철도의 분류에서 조가방식별 분류에 해당하지 않는 것은?**

가. 직접조가방식
나. 간접조가방식
다. 커티너리조가방식
라. 강체조가방식

해설 **[조가방식별분류]**

1. 직접조가방식
2. 커티너리조가방식
3. 강체조가방식

1. 심플 커티너리 조가방식

– 전차선의 위쪽에 조가선을 설치하고 이 조가선에 행거(Hanger)나 드로퍼(Dropper)로 전차선을 잡아매어 전차선의 처짐을 조가선이 흡수
– 전차선은 레일 상면으로부터 고저차 없이 일정한 높이로 되도록 하는 구조
– 기온의 변화 등에 대응하여 신축 가능하도록 항상 일정한 장력(팽팽한 정도. 장력이 없으면 전차선이 처지게 된다)유지

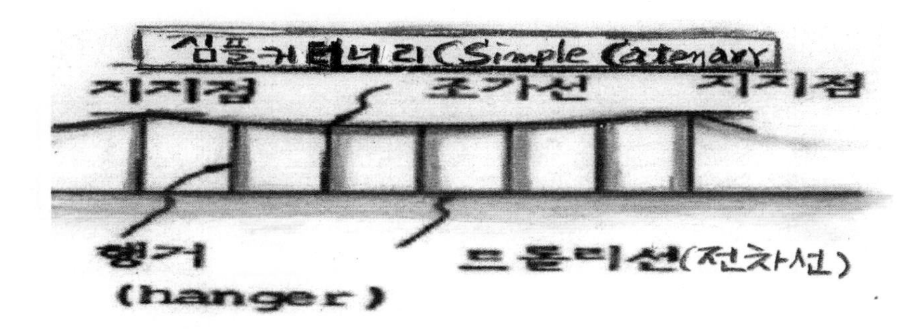

- 전차선의 끝에 활차를 매개로 하여 무거운 추를 매다는 중추식 자동장력 조절장치가 일반적으로 사용
- 본선 및 부본선은 헤비심플 커티너리방식(심플보다 더 강화된 방식. 왜? 본선과 부본선에는 고속으로 열차가 운행하므로 보다 무겁고 강화된 해비심플커티너리가 필요)을
- 차량기지 및 측선과 건널선은 심플커티너리방식(저속구간이므로)을 사용

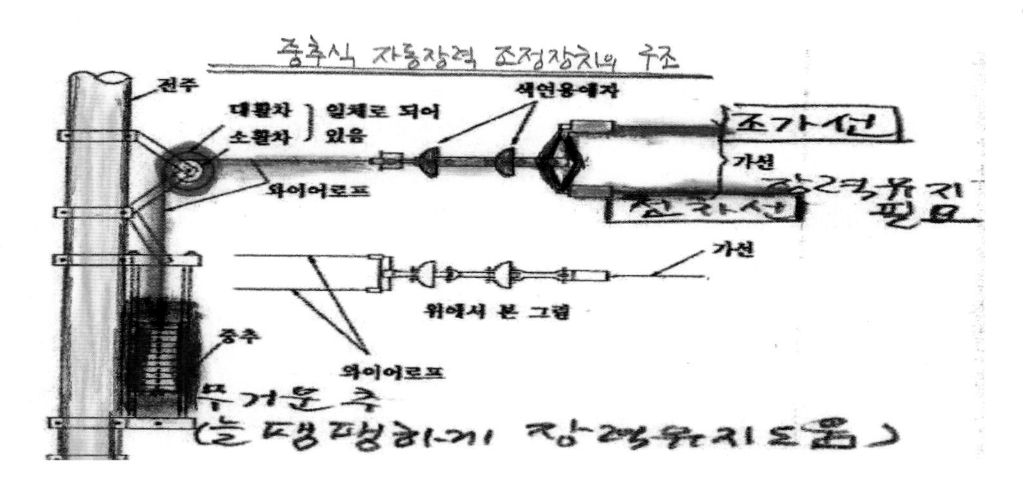

[전차선 조가방식의 종류]

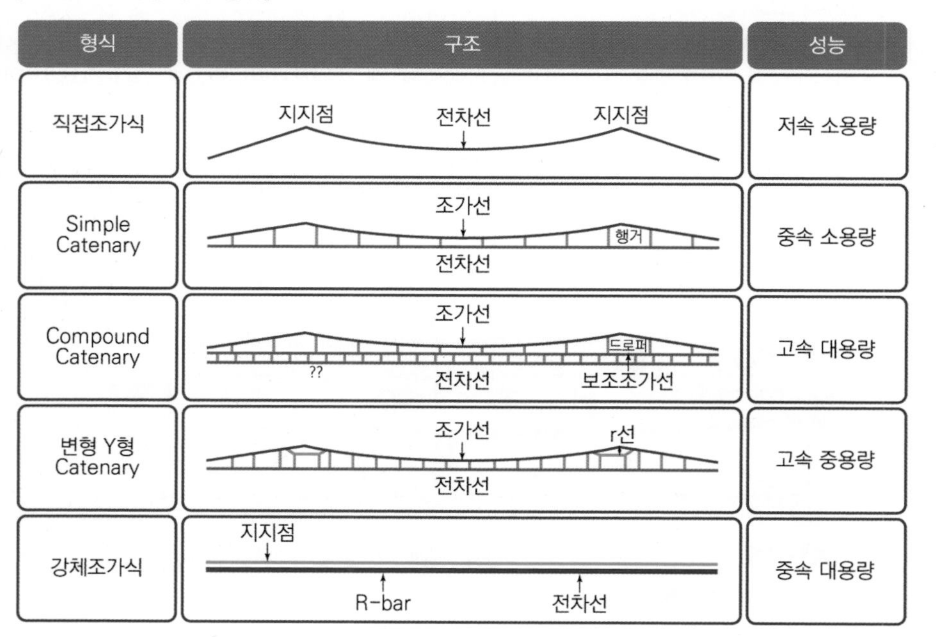

형식	구조	성능
직접조가식	지지점 / 전차선 / 지지점	저속 소용량
Simple Catenary	조가선 / 행거 / 전차선	중속 소용량
Compound Catenary	조가선 / 드로퍼 / ?? / 전차선 / 보조조가선	고속 대용량
변형 Y형 Catenary	조가선 / r선 / 전차선	고속 중용량
강체조가식	지지점 / R-bar / 전차선	중속 대용량

예제 다음 중 우리나라에서 강체조가식을 제외하고 측선, 건널선등에 사용하는 조가방식은?

가. 콤파운드커티너리방식　　나. 심플커티너리방식
다. 변Y형 커티너리방식　　라. 직접조가방식

해설 차량기지 및 측선과 건널선은 심플커티너리방식을 사용하고 있다.

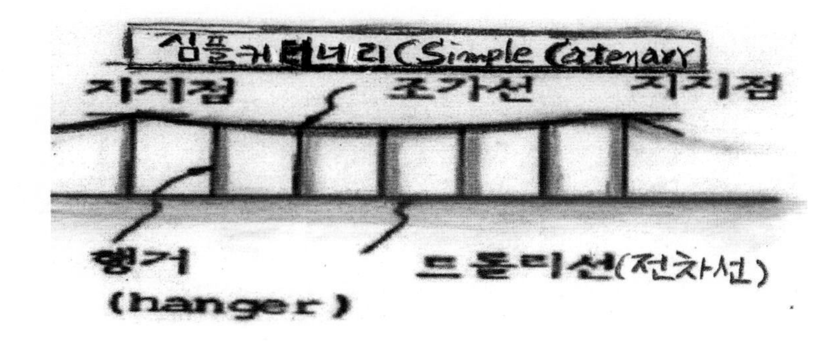

2. 강체식 조가방식(지하구간)

[강체조가방식]

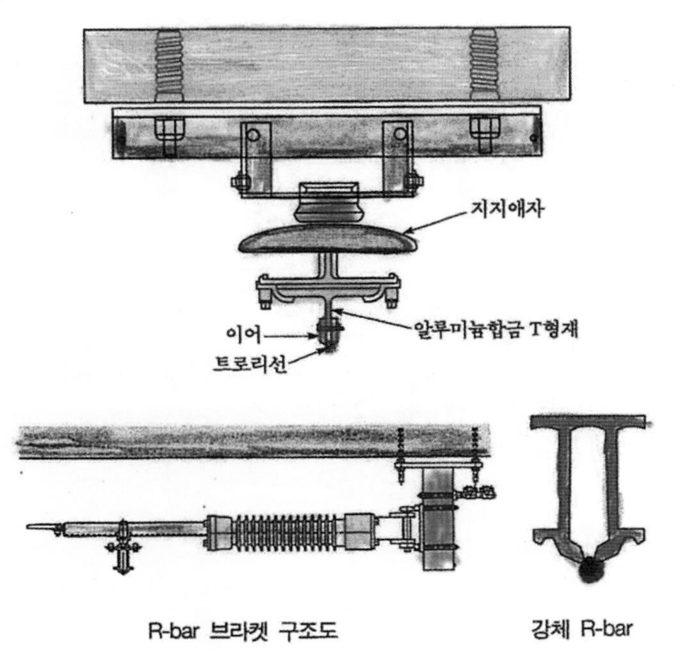

R-bar 브라켓 구조도　　강체 R-bar

– 커티너리방식으로는(행거나 드로퍼로 축 늘여 뜨려야 하므로 넓은 공간이 필요) 터널의 단면적이 커질 수밖에 없다.
– 이에 따라 좁은 공간의 지하철도에서는 강체조가방식이 사용된다.
– 터널 천정에 알루미늄 합금제의 T형재를 애자에 의해 지지시켜 놓고
– 이 아래 부분에 알루미늄제 이어(Ear)에 의해 전차선을 연결하여 고정시킨다.
– 알루미늄 합금제의 T형재(T–Bar)가 급전선(전차선과 급전선 역할을 동시에 한다)을 겸하면서 단선의 위험이 없다(강체가선이므로).
– 터널의 높이를 낮게 할 수 있는 장점이 있다.

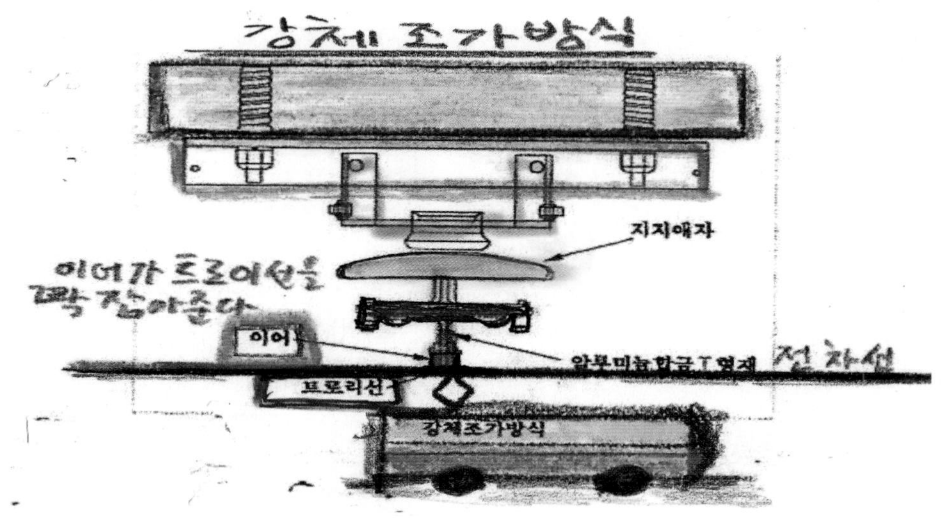

– 최근 과천선과 분당선 지하구간에는 교류 25,000V방식으로 건설하면서 R–Bar방식을 채택하였다.

[강체가선의 종류]

① T－Bar(DV 1,500V)

② R－Bar(AC25KV)

－일반적으로 지하구간은 직류를 사용한다.

－공항철도는 교류 25KV를 사용하면서도 지하로 들어간다.

－지하구간에서 R－Bar를 사용한다.

1) 지지장치(전차선의 지지장치)

－강체전차선의 지지장치는 구축물 천장에 콘크리트 타설 시 매입한 앵커 볼트 및 지지금물과 절연애자로 되어 있다.

－절연애자는 지지금물에 거치되어 있는 상태로서 전차선로의 신축에 유연하게 대처한다.

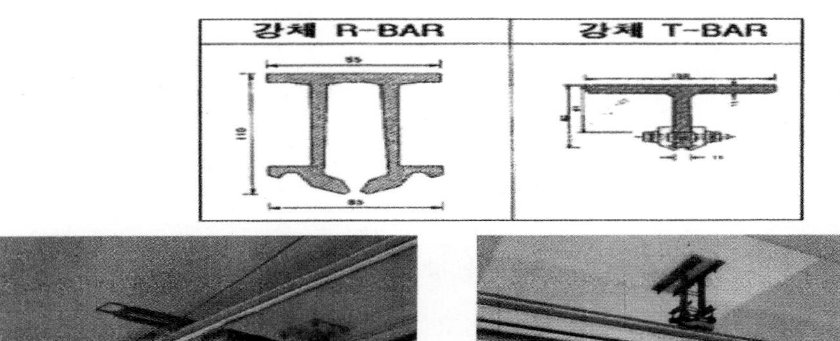

R-Bar

T-Bar
(복정역에서 한우진평론가 촬영)

예제 다음 중 강체가선구간에서 레일면 표준전차선 높이로 맞는 것은?

가. 5,100mm　　나. 4,850mm

다. 5,200mm　　**라. 4,750mm**

해설 강체가선구간에서는 레일면상 4,750mm를 표준으로 한다.

예제 **다음 중 강체조가방식에 관한 설명으로 틀린 것은?**

가. 과천선과 분당선 지하구간에는 교류 25,000V의 R-bar를 채용하였다.
나. 알미늄합금제인 T형재(T-Bar)가 급전선을 겸한다.
다. 단선의 위험이 없으나 터널 높이를 낮게 할 수 없다.
라. 터널 천정에 알미늄합금제의 T형재를 애자에 지지한다.

해설 강체조가방식은 단선의 위험이 없고 터널의 높이를 낮게 할 수 있는 것이 최대의 장점이다.

2) 익스펜션 조인트(Expansion Joint)

- 익스펜션조인트는 강체가선의 온도변화에 다른 신축량(전차선이 늘어나거나 줄어드는)을 분산시키고 흡수하기 위하여 200~250m 구간마다 선로를 기계적으로 구분한다(전기적으로는 서로 연결하면서 처짐 등을 방지하기 위하여).
- 전차선은 점퍼와이어로 연결되어 있다.

3) 앵커링 설비(Anchoring)

- 온도변화에 따른 신축
- 선로구배
- 팬터그래프의 압상력

등에 의하여 강체차선이 이동하는 것을 방지하기 위하여 익스펜션조인트 중간지점에 앵커링 조인트를 설치하게 된다.

익스펜션 조인트(Expansion Joint)

앵커링 설비(Anchoring)

예제 다음 중 온도변화에 따른 신축, 선로구배, 팬터그래프의 압상력 등에 의해 강체가선의 이동을 방지하는 강체조가방식 기기로 맞는 것은?

가. 브라켓트　　　　　　　　나. 익스펜션 조인트

다. 앵커링설비　　　　　　　라. 지지장치

해설 앵커링에 대한 설명이다.

[앵커링 설비(Anchoring)]

- 온도변화에 따른 신축
- 선로구배
- 팬터그래프의 압상력

등에 의하여 강체차선이 이동하는 것을 방지

3. 제3궤조 방식

- 레일과 같은 높이로 2개의 주행궤조 외측에 별도 전령 구획시설(제3궤조)하여 집전화(Collector Shoe)에서 습동집전하는 방식
- 보통 직류 750V 이하의 전압을 사용
- 제3궤조방식의 특징으로는 전동차의 옥상부에는 부착물이 없기 때문에 미려한 디자인이 가능
- 터널의 단면 높이를 축소할 수 있어서 터널 건설비 감소
- 지상부에서는 충전부분이 그대로 포설(노출)되는 상태이므로 영업 중 일체의 인축이 접근해서는 안 됨
- 다른 전차선 방식과는 궤도를 공유할 수 없음

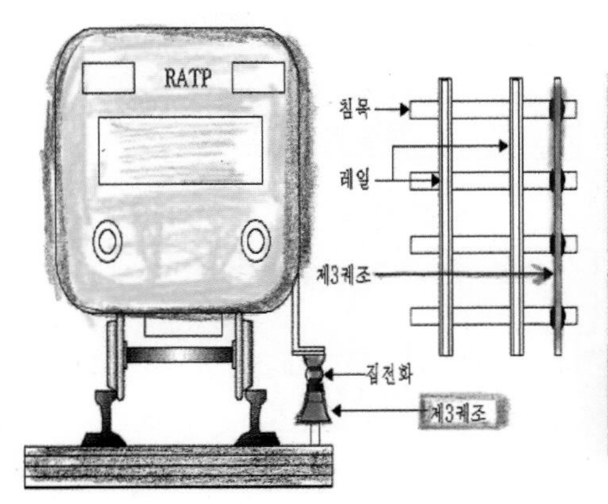

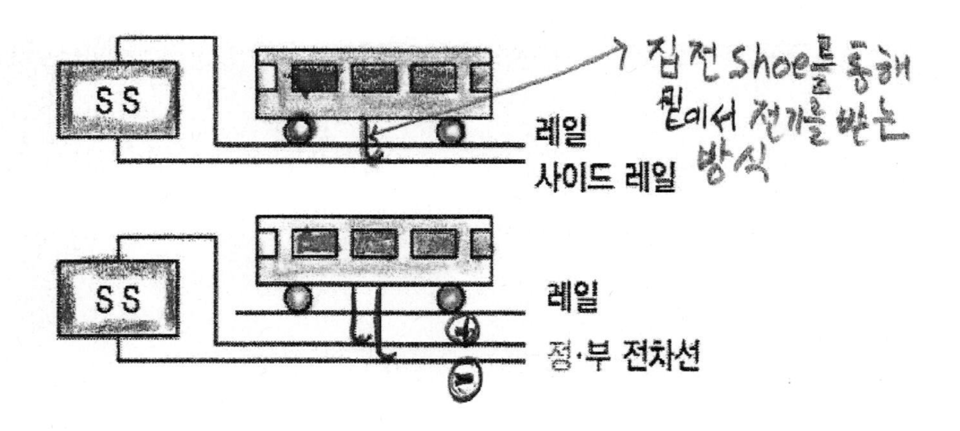

예제 다음 중 전기철도의 분류에서 가선방식 분류가 아닌 것은?

가. 제3궤조식
나. 가공복선식
다. 가공단선식
라. 지하단선식

해설 가선방식별분류: 가공단선식, 가공복선식, 제3궤조식

[가공복선식]

상호 절연된 양(+)과음(-)의 가공 접촉 전선을 가설한 다음 한쪽의 전선으로부터 전차에 전기를 공급하여 다른 쪽의 전선을 통하여 변전소로 돌려보내는 전력 전송 방식

[가선방식의 분류]

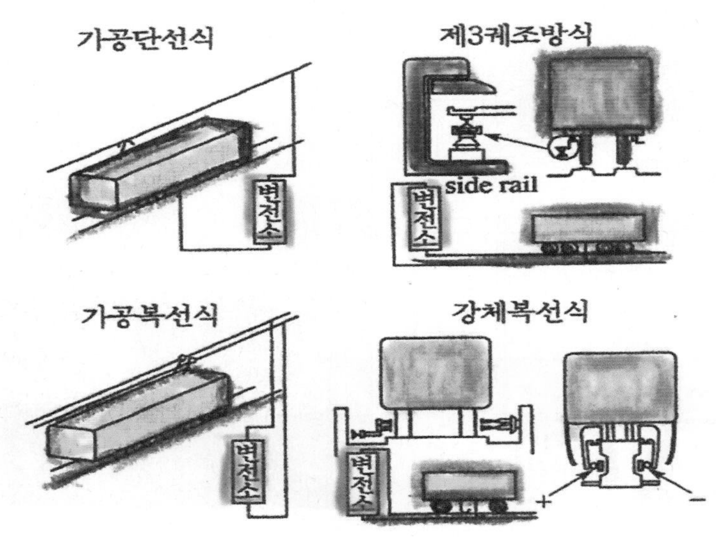

예제 **다음 중 전기철도에서 가선방식에 의한 분류가 아닌 것은?**

가. 가공 단선식
나. 가공 복선식
다. 제3궤조식
라. 강체조가방식

해설 가선방식에 의한 분류: 가공단선식, 가공복선식, 제3궤조식

예제 **다음 중 전차선 대신 운전용 궤도와 병행으로 급전궤도를 부설하여 집전하는 방식으로 지하철이나 터널 등에 채용되는 방식은?**

가. 심플커티너리가선방식
나. R-bar식
다. T-bar식
라. 제3궤조식

해설 제3궤조식에 대한 설명이다.

예제 **다음 중 교류25kV 일반철도 가공전차선로 구간에서 레일면상 전차선 표준높이는?**

가. 4,700mm
나. 5,200mm
다. 5,100mm
라. 4,850mm

해설 전차선의 높이: 레일면상에서 5,200mm를 표준

예제 **다음 중 제3궤조방식을 설명한 내용으로 맞지 않는 것은?**

가. 궤도면에 급전부분이 노출되어 있기 때문에 감전의 위험이 상존한다.
나. 터널높이를 축소할 수 있다.
다. 전차선 대신 급전궤도를 부설하여 집전하는 방식이다.
라. 전차선 위에 조가선을 설치하여 전차선의 수평을 유지하는 방식이다.

해설 전차선 위에 조가선을 설치하여 전차선의 수평을 유지하는 방식은 심플커티너리 조가방식이다.

[제3궤조방식]

레일과 같은 높이로 2개의 주행 궤조 외측에 별도 전령 구획시설(제3궤조)하여 집전화(Collector Shoe)에서 습동집전하는 방식이다.

[학습코너]

제3궤조

- 전차선이 공중에 있는 가공전차선 방식과 달리 철로와 철로 사이, 혹은 철로 옆에 있는 방식을 말한다. 3가닥의 철로가 있기 때문에 3개의 궤도로 구성된 집전방식이라고 해서 제3궤조집전식이라고 부른다. 팬터그래프 대신 집전 슈(shoe)를 이용하며, 집전 슈가 위에 닿는 방식 외에 옆에 닿는 방식, 아래쪽에 닿는 방식 등 여러 가지가 있다.
- 이런 방식으로 건설되는 노선은 전동차의 지붕에 팬터그래프가 필요 없기 때문에, 지하철을 지을 때 터널을 크게 뚫을 필요가 없어서 공사비가 싸게 먹힌다는 장점이 있다. 지하철역의 깊이가 얕아지고 계단수도 당연히 적어진다. 또한 지상으로 달리는 경우에도 일반적인 가공전차선방식보다 더 저렴하며, 위로 치렁치렁 전선이 올라가지 않기 때문에 보기가 좋고 육교 등을 설치하기 쉽다는 장점도 있다.
- 가공전차선 방식에 비해서 급전궤도와 지면 간의 거리가 가깝기 때문에, 높은 전압을 공급했을 때 감전의 위험 없이 지면이나 승강장과 안전하게 절연시키기 어렵다. 이 때문에 대개 직류 600 ~ 800V 정도의 낮은 전압을 급전한다.
- 제3궤조시스템은 고속 주행에 적합하지 않다. 일단 안전 문제로 높은 전압의 전기를 급전하기 어려우니 출력을 크게 내기가 어려울 뿐더러, 급전 궤도의 끝에서 집전 장치에 가해지는 기계적인 충격 때문에 속도를 높이기가 어렵다.
- 한국에서는 경량전철에서 이 방식을 채택하고 있다. 부산김해경전철과 부산 도시철도 4호선, 인천 도시철도 2호선, 의정부 경전철, 용인경전철, 우이신설경전철이 제3궤조 집전식으로 전원을 공급받아 운행 중이다.(ttps://ko.wikipedia.org/wiki/제3궤조)

제4절 구분장치(Section Insulator)

- 사고 시 혹은 작업상의 이유로 정전시켜야 할 경우 그 영향을 사고구간 또는 작업구간에 한정시키고
- 기타구간은 급전상태를 유지하기 위하여 전차선에 절연체를 삽입하여 팬터그래프가 전차선과 접촉할 때 열차운행에 지장이 없도록 장치가 섹션(Section) 혹은 구분장치이다.
- 이때 팬터그래프가 전자선과 접촉하면서 미끄러져가는 데는 지장이 없도록 전차선을 전기적으로나 기계적으로 구분한 장치를 섹션(구분장치)이라고 한다.

[왜 전차선은 일정 구간마다 전기적으로 분리해야 하나?]

전차선을 모든 구간에서 연결된 형태가 아니라 일정 구간마다 전기적으로 분리하는 이유는

① 사고의 영향을 최소화

② 보수 시 정전지역 최소화

[학습코너] 구분장치(Section Insulator) (중요한 부분!)

구분장치의 종별과 사용 구분

가. 전기적 구분

- 목적: 사고 시나 작업 시의 영향을 최대한 작게 하기 위함. 전 구간이 전기적으로 연결되어 있다면 사고가 나면 전 구간을 단전해야 하는 문제 발생. 그래서 전기적으로 딱! 딱! 잘라 주는 것)
- 에어섹션: 동상의 본선 구분용(상이 같은 전기)
- 애자섹션: 동상 상 · 하선 및 측선 구분
- 절연구분장치: 이상 구분 또는 교/직 구분(AC/DC) (절연구분장치가 대표적인 구분장치이다)
- 비상용: 사고 시 긴급 구분용

나. 기계적 구분

- 전차선이 100% 연결되어 있다고 하면 전차선의 처짐을 방지하지 못한다.
- 짧은 구간으로 나누어 장력을 유지해 주기 위해 자동장력 조정장치가 적용된다.
- 즉 서로 팽팽하게 당겨줄 수 있게 한다.
- 에어 조인트: 합성 전차선 평행설비구분
- R-Bar조인트(익스팬션 조인트)
- T-Bar 조인트(익스팬션 조인트): 강체에 사용하는 기계적 구분 장치
  강체 전차선의 평행설비 구분하기 위한 조인트
- 합성전차선: 조가선(강체 포함), 전차선, 행거, 드로퍼, 등으로 구성한 가공전선(전차선 전체를 통 털어서 사용하는 용어: 합성전차선)

[용어설명]

- 급전구분소: 급전구간의 구분과 연장을 위하여 개폐장치를 시설한 곳
- 보조급전구분소: 작업시 또는 사고시에 정전구간을 한정하거나 연장급전할 목적으로 개폐장치를 설치한 곳
- 귀선: 운전용 전기를 통하는 귀선레일·보조귀선·부급전선·흡상선·중성선·보호선용 접속선 및 변전소 인입귀선을 총괄한 것
- 흡상변압기: 통신 유도장해 경감을 위하여 급전회로에 직렬로 연결하여 레일에 통하는 운전전류를 부급전선으로 흐르게 하는 변압기
- 단권변압기: 교류전차선로에서 전압강하 및 유도장해 등을 경감시킬 목적으로 전차선로에 설치하는 변압기
- 장력조정장치: 전차선과 조가선을 일괄 인류하는 장치와 전차선 또는 조가선을 개별로 인류하는 장치

[구분장치의 종류]

구분	종별		열차 통과속도	인접구간간의 전원의 종류	구조	기사
전기적 구분	에어 섹션		120km	같은 종류 같은 상 (同相)		
	애자형 섹션	장간 애자제	85km			산업선용
		현수 애자제	45km			수도권용
		수지제 (FRP섹션)	85km			다른 애자형 섹션과 비교하여 고속용으로 개발
	데드 섹션	수지제(F계) 및 그라스 파이버제(GFI)	120km	교류중 서로 다른 상(異相) 구분 및 교직류 구분용		
기계적 구분	에어 조인트		120km	같은 종류 같은 상 (同相)	에어섹션과 거의 같은 구조이나 균압선을 통해 전기적으로 연결되어 있는 상태. 전차선 간의 이격거리는 150mm가 표준임.	전기적으로는 접촉하고 있음

1. 에어섹션(Air Section)

[섹션(SECTION: 구분장치)]

- 전차선의 급전 계통을 구분하여 전차선의 일부분에 사고가 발생하는 경우 또는 일상의 보수작업을 위하여 정전작업의 필요가 있을 경우 등에 대비하여 급전 정지 구간을 한정하고 다른 구간의 열차 운전 확보를 목적으로 한 설비
- 급전 구분구간에 적용되는 에어섹션 등이 있다.

– 에어섹션(Air Section): 급전구분 구간이 서로 중첩되는 공간을 공기(Air)에 의해 전기적으로 분리하는 것으로 전차선로에 일정간격으로 설치된다.

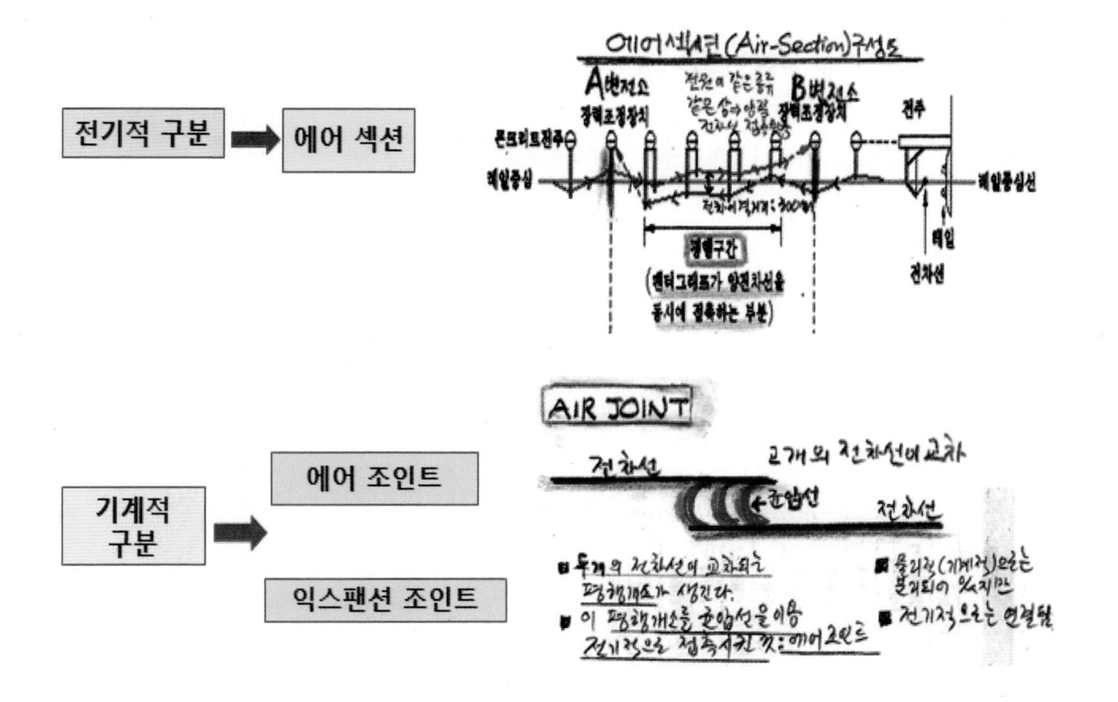

[에어섹션이란?]

– A, B변전소 전원이 같은 종류, 같은 상으로 Pan이 양쪽 전차선을 같이 접촉하여도 무방한 경우에 설치

– 열차가 이 구간을 통과할 때 열차 내 정전 현상은 없음

– 따라서 열차는 항상 역행운전이 가능하며 특별한 추가부담 없이 설치가 간단하고 경제적

– 평행부분의 전차 이격거리는 300mm를 원칙

– 정전사고나 전차 보수 시의 정전구간을 최소한으로 하기 위해 설치하는 구분소 앞에는 양쪽 변전소의 전기를 끊어주는 구간

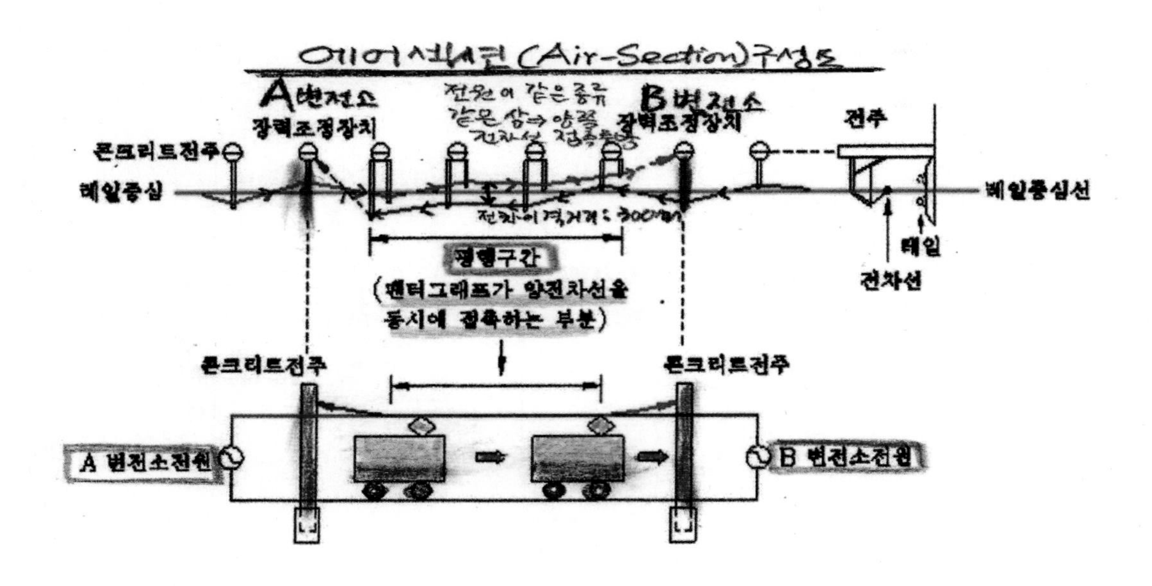

예제 다음 중 에어섹션(Air-section) 평행부분에서 전차선의 이격거리로 맞는 것은?

가. 350mm　　나. 250mm

다. 300mm　　라. 200mm

해설 평행부분의 전차선의 이격거리는 300mm를 원칙으로 한다.

2. 에어 조인트(Air Joint)

- 전차선을 기계적으로 구분하는 장치
- 전차선을 한없이 길게 가설한다면 이도, 즉 처짐을 조정할 수 없음
- 에어 조인트는 기계적으로 완전히 구분된 별개의 설비를 전기적으로 균압선을 사용하여 접속하는 것을 의미한다.
- 에어 조인트를 설치하는 이유: 중간 중간에 전차선을 최대 약 1,600m 이하로 구분 절단하여 자동으로 장력을 조정하기 위함이다.

AIR JOINT

2개의 전차선이 교차

전차선

균압선

전차선

- 두개의 전차선이 교차되는 평행개소가 생긴다.
- 이 평행개소를 균압선을 이용 전기적으로 접촉시킨 것: 에어조인트
- 물리적(기계적)으로는 분리되어 있지만
- 전기적으로는 연결됨

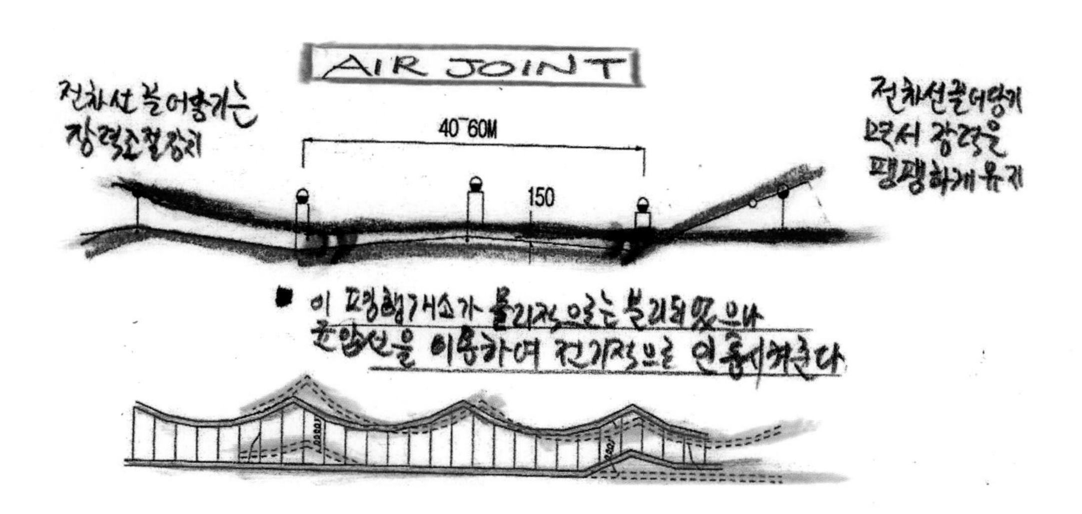

– 이때 인류와 다음 인류구간의 전선이 서로 교차되는 평행개소가 반드시 생기게 되며 이 평행개소를 균압선을 이용하여 전기적으로 접촉시킨 것이 에어 조인트이다.

– 즉 기계적으로 완전히 구분된 별개의 설비를 전기적으로 균압선을 사용하여 접속한 것이다.

– 기계적으로는 구분되어 있지만 전기적으로는 합쳐 있다.

[인류구간(Dead-end Section or Tension Length)]

– 가공전차선의 한 인류지점에서 맞은편 인류지점까지의 구간

– 전차선 지지점에서 맞은편 전차선 지지점까지의 거리

예제 **다음 중 에어조인트(Air-Joint)에 관한 설명으로 틀린 것은?**

가. 기계적으로 구분하나 전기적으로는 균압선을 이용하여 접속한다.

나. 전차선로 인류구간의 길이는 최대 1,600m까지 할 수 있다.

다. 전차선을 기계적으로 구분하는 장치이다.

라. 강체가선방식(R-bar)에서는 앵커링(Anchoring) 설비가 에어조인트(Air-Joint) 역할을 한다.

해설 앵커링 설비(Anchoring)는 온도변화에 따른 신축, 선로구배, Pantograph의 압상력 및 기타에 의하여 강체가선이 이동하는 것을 방지하는 역할을 한다.

예제 **다음 중 전기설비에 관한 설명으로 틀린 것은?**

가. 변전소와 변전소의 중간에 있어서 상하의 급전선을 1대의 고속도차단기를 통하여 접속한 것을 상하 타이급전이라 한다.

나. 앵커링은 온도변화에 따른 신축, 선로구배 팬터의 압상력에 의하여 강체가선이 이동하는 것을 방지하기 위해 설치한다.

다. 팬터그래프가 양 전차선을 동시에 접촉하여도 무방한 경우 접촉부분에 에어조인트를 설치한다.

라. 익스펜션 조인트는 강체가선의 온도변화에 다른 신축량을 분산시키고 흡수하기 위하여 200~250m 구간마다 선로를 기계적으로 구분하기 위해 설치한다.

해설 팬터그래프가 양 전차선을 동시에 접촉하여도 무방한 경우 접촉부분에 에어섹션을 설치한다.

예제 **다음 중 커티너리 조가방식에서 기계적 구분장치로 맞는 것은?**

가. 익스펜션조인트 **나. 에어조인트**

다. 절연구분장치 라. 에어섹션

해설 커티너리조가방식에서 기계적 구분장치는 에어조인트를 사용한다.

변전설비

제1절 변전설비의 구성

- 한전에서 전압을 받아서 철도차량에 맞는 전압으로 변환시키는 설비
- 전기차에 운전용 전력을 공급하기 위한 변전소와
- 급전된 전력을 구분, 분리하거나 전압 강하 (전압이 뚝뚝 떨어지는 현상)의 보상 및 유도장애(전압이 높은 교류에 의해 발생되는) 등을 방지하기 위한 급전구분소, 보조 급전구분소, 포스트(전압강하 보상과 유도 장애 방지 등을 위해서) 등과 이를 감시, 제어, 운용하는 설비 등으로 구성
- 변전설비의 구성방법은 전원사정, 급전하고자 하는 선로의 수송량, 연변의 상황에 따라서 경제성을 고려

[변전설비]

- 발전소: 전력생산
- 변전소: 전압조정(송전의 효율성을 높이기 위해)

[변전소의 5가지 기능]

1) 전압크기 변성
2) 전력의 집중과 배분
3) 전압조정

4) 전력조류의 제어계통 보호

5) 전력설비의 보호

[용어설명]

- 전기설비: 발전·송전·변전·전철·배전 또는 전기사용을 위하여 설치하는 기계·기구·전선로·보안 통신선로 기타의 설비
- 전철설비: 전기철도에서 송전선로·변전설비·전차선로와 이에 부속되는 설비를 총괄
- 수전설비: 타인의 전기설비로부터 전기를 공급받거나 구내발전설비로부터 전기를 공급받아 구내 배전설비로 전기를 공급하기 위한 전기설비로서 수전지점으로부터 구내 배전설비에 전기를 공급하기 위한 배전반까지의 설비
- 변전소: 구외로 부터전송된 전기를 구내에 시설한 변압기·전동발전기·회전변류기·정류기 등 기타의 기계기구에 의하여 변성하는 장소로서 변성한 전기를 다시 구외로 전송하는 곳

예제 **다음 중 직류 변전설비에서 전동차의 직류전력 공급전선을 보호하기 위해 전철용 지상 변전소에 설치되는 설비는?**

가. 공기차단기　　　　나. 가스차단기

다. 직류고속도차단기　　　　라. 진공차단기

해설 **[직류고속도차단기(HSCB)]**

- 직류차단기는 전차의 직류전력 공급전선을 보호하기 위해 전철용 지상 변전소에 설치된다.
- 직류는 교류와 달리 전류 영점이 없기 때문에 사고전류 차단 시 전류를 영점까지 줄여야 한다.
- 이 사고전류를 신속히 차단하기 위해 직류차단기는 과전류 검출하여 고속 동작으로 사고전류를 차단한다. 따라서 전철용 직류차단기는 일반적으로 직류고속차단기라고 부른다.

1. 직류변전설비

- 직류구간에는 복수의 변전소가 병렬로 접속되는 병렬급전방식이 표준
- 변전설비의구성에는 변전소(SS: Sub-Station), 구분소(SP: Sectioning Post) 급전타이포스트(TP: Tie-Post), 정류포스트(RP: Rectifying Post) 등으로 구성

[직류변전설비의 구성]

- 변전소(SS: Sub-Station)

– 구분소(SP: Sectioning Post)
– 급전타이포스트(TP: Tie – Post)
– 정류포스트(RP: Rectifying Post)

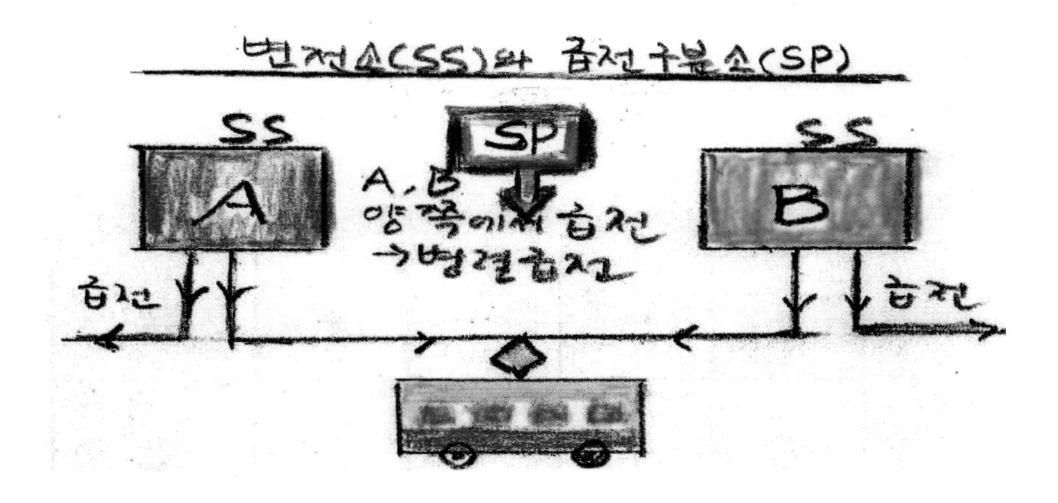

1) 변전소(SS: Sub-Station)만으로 구성하는 경우

– 정극(+)을 급전선에 접속하고 부극(–)을 Rail에 접속

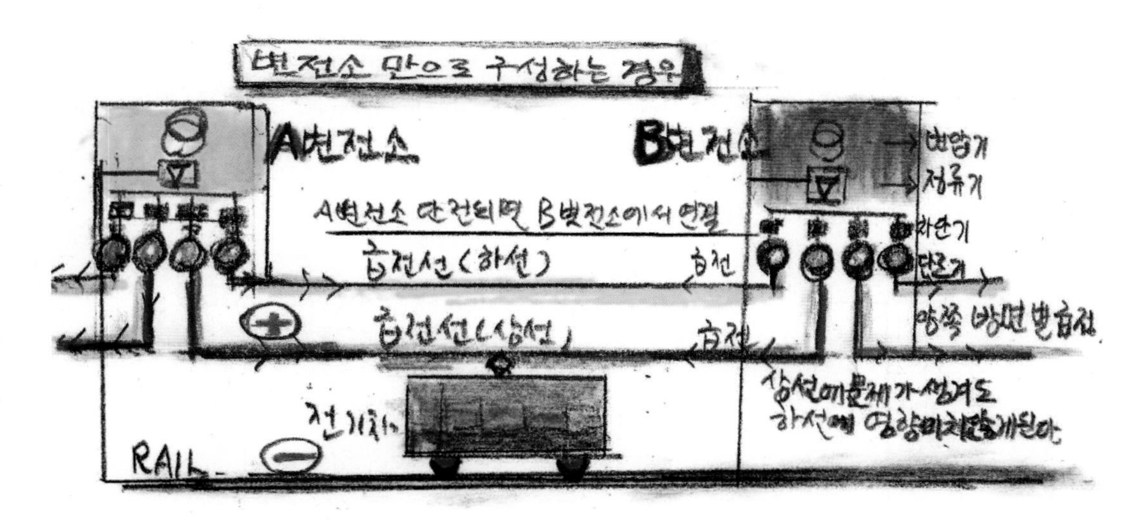

2) 급전구분소(SP: Sectioning Post)가 있는 경우

- 전원(특고변전소, 송전선 등)이 가깝게 없는 경우이거나 용지의 취득이 곤란하여 변전소 간격이 길게 되고, 변전소 간의 전차선 전압을 소정의 값 이하로 확보하기가 곤란한 경우(A, B변전소가 너무 멀어지면 전압강하가 발생할 수 있다).
- 따라서 중간에 급전구분소를 설치한다.
- SP에서는 급전강하에 대한 보상을 해줄 뿐 A,B 변전소처럼 새로운 전기를 받는 역할은 못한다.
- 본선 분기 등으로 전차선로를 구분할 경우에 설치한다.

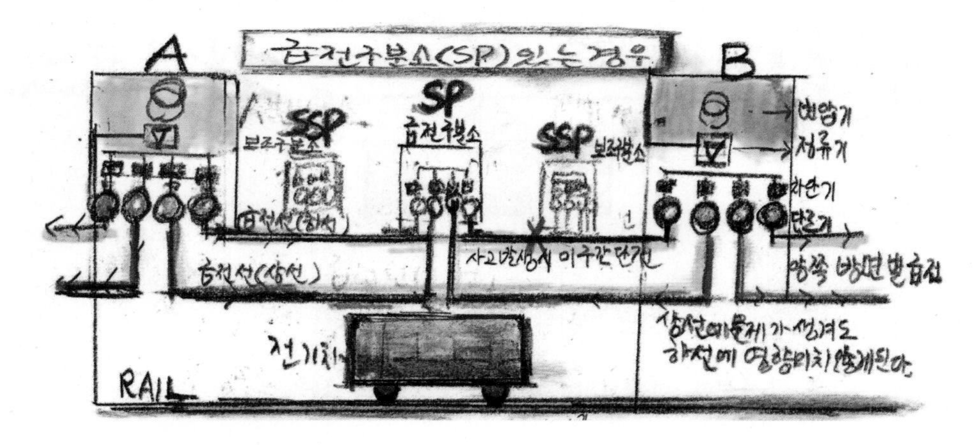

- 변전소와 급전구분소 간의 상·하급선이 병렬로 접속되고 있기 때문에
- 급전선의 합성저항은 1/2로 되고 전압강하가 경감(저항이 줄어들므로 전압강하가 경감된다)

[급전구분소가 있는 경우의 전차선 전압]

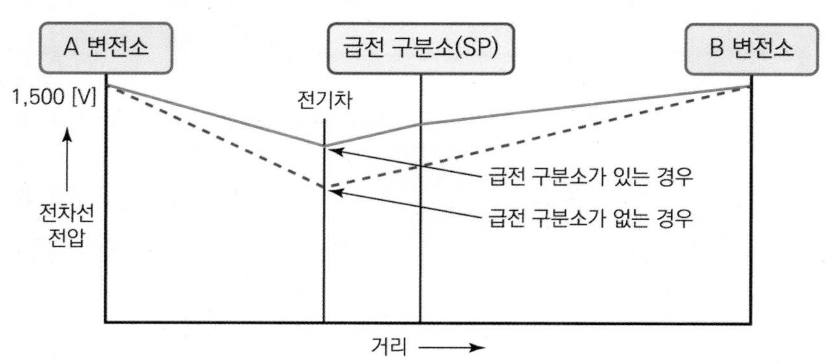

3) 급전타이포스트(TP: Tie-Post: 묶어 주는 지점)가 있는 경우

- 급전구분소는 아니지만 급전구분소보다 더 간단하게 설치할 수 있는 포스트
- 급전타이포스트는 급전포스트와 같은 모양이지만 전차선의 전압강하를 경감할 목적으로 설치

[급전타이포스트 2가지 유형]

(1) 상하 타이 포스트(TP: Tie-Post: 묶어 준다)

변전소와 변전소 중간에 있어서 상하의 급전선을 1대의 고속차단기를 통하여 접속한 것

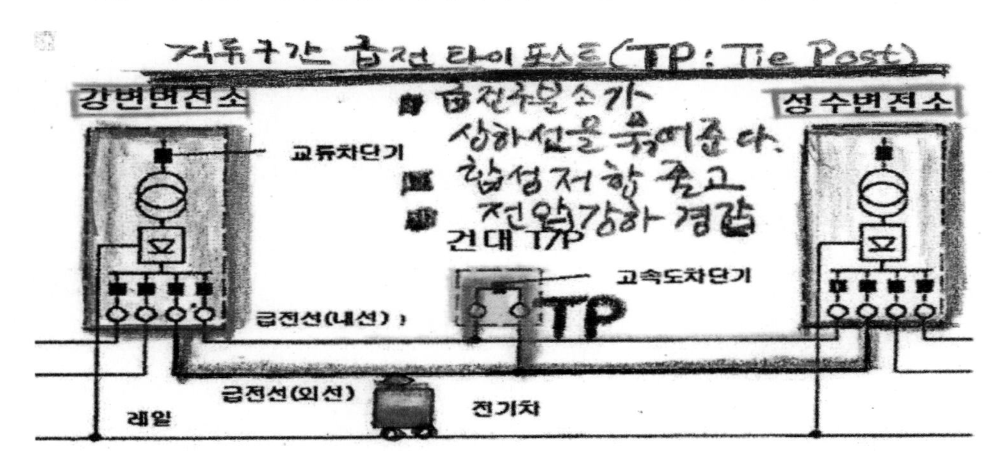

(2) 말단 전압강하 보상 위한 급전타이포스트(TP: Tie-Post: 묶어 준다)

상선과 하선이 연결하여 전차선의 말단의 전압강하를 보상

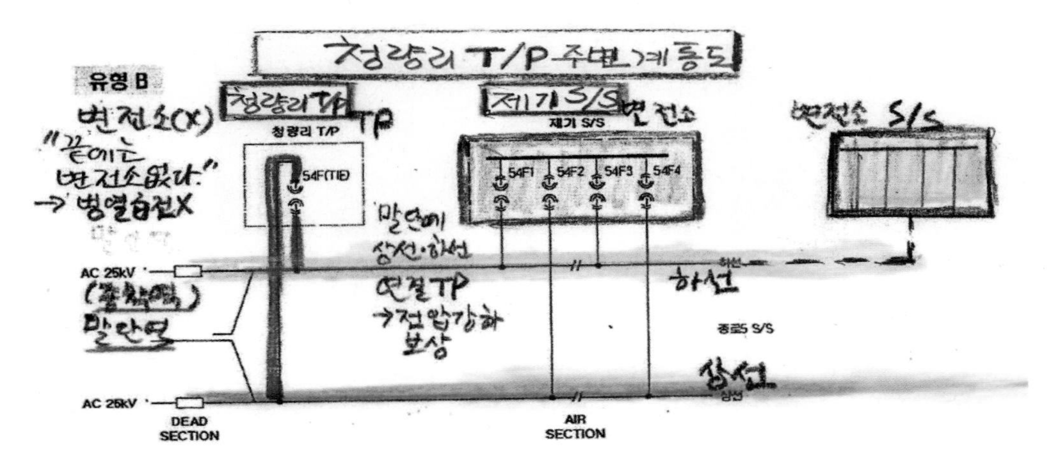

2. 교류변전설비

교류전철방식에는 선로에 근접하는 통신선 등 약 전류 전선에 유도 장애를 일으키는 문제가 있다.

[유도장애 방지를 위해 교류전철방식]

① BT방식(흡상변압기: Booster Transformer)

② AT(단권변압기: Auto Transformer)

1) BT(Booster Transformer: 흡상변압기)교류 전철변전소

- 교류 3상 66KV 전원을 한전 변전소로부터 수전받아 급전용변압기의 1차측에 전원이 가압되면
- 2차측의 M좌, T좌에 각각 단상 27.5KV의 2상 전압으로 변성하여 차단기를 경유, 각 방면별로 수동조작단로기, 차단기, 동력조작 단로기를 사용하여 급전하면
- 일단은 급전소(Positive Feeder: PF)에 접속되고 다른 일단은 부급전선(Negative Feeder: NF)에 접속되어 전기차에 전원을 공급

[BT(Booster Transformer)]

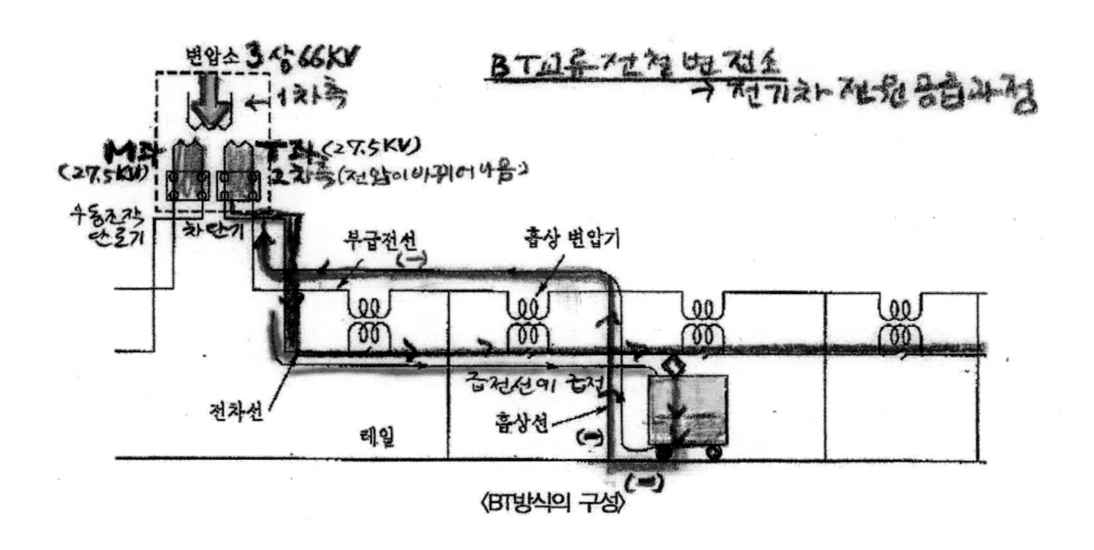

〈BT방식의 구성〉

[BT작용과 권수비]

– 급전선에 흐르는 전류와 귀선전류는 방향이 반대인 것을 이용하여 1:1 권수비의 변압기를 설치한다.
– 변압기 1차 측에 전압이 걸려 전류가 흐르면
– 2차 측에도 같은 크기의 반대 방향의 전류가 흐르도록 한다.
– 이를 BT작용이라고 한다.
– BT작용에 의해 귀선전류가 강제적으로 레일에서 흡상선을 타고 부급전선을 통해 흐르게 된다.

[BT(Booster Transformer)방식의 구성]

– 권수비 1:1의 흡상변압기를 설치하여 급전하는 방식
– Rail에 흐르는 전류의 범위가 전기차와 전원측 흡상변압기의 흡상선 사이에 한정("−"전기가 흡상선을 타고 올라온다. 레일 전체를 거쳐서 귀선하는 것이 아니고, 유도장애만 경감시키면 되니까 흡상선에 한정해서 끌어올리면 되는 것이다.
– 이에 따라 전차선과 부급전선에는 크기가 같고 방향이 반대인 전류(권수비 1:1)가 흐르게 되어 유도작용이 소멸되어 장애가 경감된다.

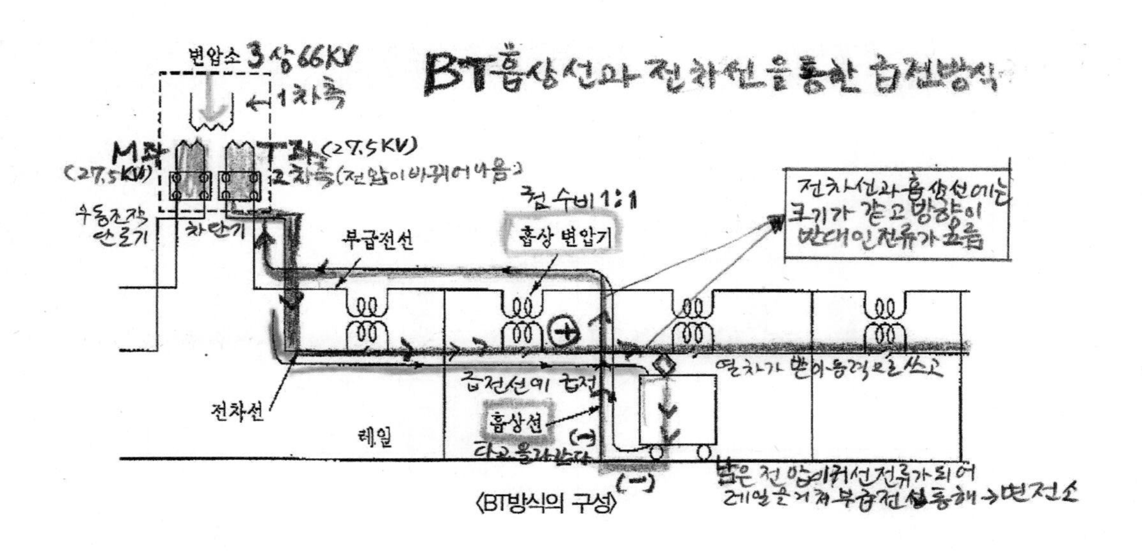

〈BT방식의 구성〉

예제 다음 중 흡상변압기급전방식에서 BT(Booster Transformer)의 설치목적으로 맞는 것은?

가. 지하 금속물 전식억제　　나. 전압강하 보완
다. 통신선로의 유도장애 경감　　라. 전압변동 및 불평형해소

해설 흡상변압기급전방식은 통신선로의 유도장해를 경감하는 방식이다.

예제 다음 중 흡상변압기급전방식에서 BT(Booster Transformer)의 권선비 및 설치간격은?

가. 권선비 1:1, 설치간격 약 4km　　나. 권선비 1:1, 설치간격 약 10km
다. 권선비 4:1, 설치간격 약 10km　　라. 권선비 4:1, 설치간격 약 4km

해설 흡상변압기(BT) 급전방식은 권선비1:1의 특수변압기를 약 4km마다 설치하는 방식이다.

[권선비]
변압기에서 고압 측 권선과 전압 측 권선에 감겨 있는 코일 수의 비.

2) AT(단권변압기:Auto Transformer) 교류 전철변전소

- 교류 3상 154KV 전원을 한국전력공사(KEPCO) 변전소로부터 수전받아(참고로 BT: 교류 3상 66K)
- 1차측 전원이 가압되면 2차측의 M좌, T좌에 각각 단상 55KV의 2상 전압으로 전차선(Trolley Feeder: TF) 및 보호선(Protecctive Wire)에 접속되어 전기차에 전원을 공급

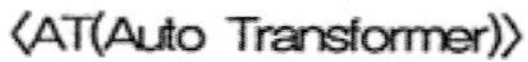
〈AT(Auto Transformer)〉

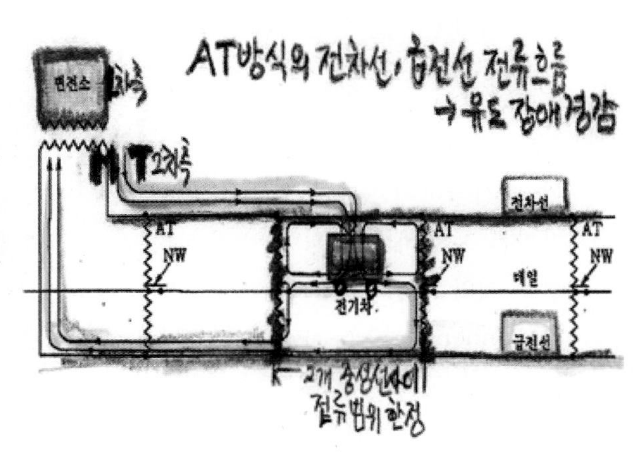

(1) AT방식의 구성

- AT란 권수비 1:1의 단권변압기를 설치하여 급전하는 방식
- Rail에 흐르는 전류의 범위가 전기차 전후의 2개의 중성선 사이에 한정
- 이에 따라 전차선과 급전선에는 크기가 같고 방향이 반대인 전류가 흐르게 되어 유도작용이 소멸되어 장애를 경감

예제 **다음 중 단권변압기방식에서 전기차를 중심으로 흐르는 전류의 크기와 방향은?**

가. 크기와 방향이 모두 다르다.
나. 크기는 같지만 방향이 반대이다.
다. 방향은 같지만 크기가 다르다.
라. 크기와 방향이 모두 같다.

해설 Rail에 흐르는 전류는 차량을 중심으로 크기는 같지만 각각 반대 방향의 AT쪽으로 흐른다.

예제 **다음 중 교류전철방식에서 유도장해방지 및 전압강하의 저감효과도 있는 방식은?**

가. M상 방식　　　　나. 리액터방식
다. AT 방식　　　　라. BT 방식

해설 단권변압기(AT) 급전방식에 대한 설명이다.

3. 수전측 설비(전기를 받는 측의 설비)

- 수전설비는 급전용변압기의 1차측 설비(1차측 → 변압기 → 2차측이 있으나 수전측은1차측만)
- 이 수전설비에는 전원측에서 유입되는 이상 고전압을 대지로 방전시켜 변전소 내 기기를 보호하기 위하여 변전소 전원 인입측에 설치한 피뢰기
- 수전 전압을 감시하고 전력사용량을 측정하기 위하여 설치한 콘덴서형 계기용 변압기(Condenser Type Potential Device: CPD)
- 변전소의 최대 전력 및 최대 사용량(한전 검침용)을 계측하기 위하여 설치한 콘덴서형 계기용 변압기(Condenser Type Voltage Transformer: CVT)(전압기: 전압을 바꾸어 주는 것) 및 계기용변류기(CT)(전류기: 전류를 바꾸어 주는 것)
- 만약 AC25KV를 받는다면 그대로 계기판에 표시한다? 그건 아니고 계기용 변압기를 거쳐서 AC100V 등 작은 전압으로 떨어뜨린 다음에 사용량 등을 모니터에 현시
- 차단기 후단에 주회로에 흐르는 전류(A)를 감시하고, 변전소 내 전력사용량(유효, 무효), 역률(Power Factor: PF)을 원격계측하기 위하여 설치한 계기용변류기, 각종 계측기 등으로 구성

4. 변압기측 설비

- 변압기 측 설비는 급전용 변압기 1차측(수전설비)에서 2차측의 급전회로 모선까지를 말한다.
- 주변압기(Main Transformer: MTR) 전, 후단에는 동력조작 단로기(89Tp,TS), 차단기(52TP, TS)를 설치하여 급전회로에서의 애자 절연 파괴, 단선 등에 의한 지락사고 발생시, 또는 콘덴서와 주변압기 이상 발생 시 변압기 1,2차측 차단기를 동작시켜

전원을 차단함으로써 기기를 보호한다.

- 1차 측에 3상 교류 154KV의 전원이 가압(AT변전설비)(참고로 66KV는 BT)되면 2차 측에는 단상 2조(M상, T상)의 55KV전원이 인출되어 각 방변으로 인출할 수 있도록 M좌 모선과 T좌 모선을 구성한다(2차 측은 전기동차를 운행할 수 있게 전원은 공급 담당).
- 3차 측에는 3상 6.6KV 전원으로 변환되어 각 방면 별로 신호등 전원, 역사 조명 및 동력용의 고압 배선로에 공급(3차 측은 신호용 조명, 역사 조명 등 부대조명 담당) 한다.

5. 급전측 설비

- 급전측 설비는 주변압기 2차 측의 급전용 모선에서 급전 인출개소까지를 말한다.
- 이 계통에서 중요한 설비는 단로기, 차단기 등의 개폐장치와 보호장치
- 급전설비는 각 방면별로 회선을 구분하여 각각 동력조작단로기(89FP), 차단기(52F) 및 수동조작 단로기(89FHO)를 설비

예제 **다음 중 전기철도 급전방식별분류에 해당하지 않는 것은?**

가. AT 급전방식
나. BT 급전방식
다. 직접급전방식
라. 삼상변압기급전방식

해설 **급전방식별분류**

직접급전방식, 흡상변압기급전방식, 단권변압기급전방식

예제 **다음 중 전철변전소에서 사용되는 변압기는?**

가. Y결선 변압기
나. 정류기
다. 스코트결선변압기
라. V결선 변압기

해설 전철변전소에서 사용되는 변압기는 스코트변압기이다.

예제 다음 중 무부하 상태에서만 전류를 차단하는 기기로 맞는 것은?

가. 계전기　　　　나. 단로기

다. 차단기　　　　라. 접촉기

해설 무부하 상태에서만 전류를 차단하는 기기는 단로기이다.

제2절 주요 변전설비

1. 주변압기(교류)

- 전철변전소에서 사용되는 변압기는 스코트결선 변압기로
- 이 변압기는 T결선 방식의 변압기라고 하며 3상을 2상으로, 2상을 3상으로 변환하는 방식의 변압기

〈공랭식 실리콘 정류기〉

주변압기(스코트 변압기)

2. 정류기(직류) (정류기: 교류 → 직류로 바꾸어 주는 역할)

- 정류기는 정류기용 변압기로부터 교류 입력전압(AC 590 × 2)을 받아
- 직류전압(DC1500V)으로 변성시키는 기기

예제 **다음 중 주요 변전설비에 관한 설명으로 틀린 것은?**

가. 정류기는 실리콘 정류기로 강제냉각방식이며 정격은 1,500V, 3,000kW, 4,000kW

나. 고장점표정장치는 전차선로 사고 발생 시 고장점까지 거리를 나타낸다.

다. 계기용 변류기 2차측 전류는 5A로 일정하다.

라. 계기용 변압기는 1차측 전압의 변동에 따라 2차전압이 권선비에 비례하여 변동한다.

해설 정류기의 냉각방식은 자냉식이다.

3. 계기용 변성기

– 계기용 변성기는 전력계통에서 고전압, 대전류를 계측하거나

– 보호계전기에 전압, 전류 등의 요소를 입력하는 경우에

– 고전압과 대전류를 그대로 직접 연결할 수 없으므로 이러한 고전압, 대전류를 일정한 비율로 변환하는 기기(변환하여 계기용에 보내준다)

1) 계기용 변압기(고전압을 소전압으로 바꾸어 주는 것)

2) 계기용 변류기(대전류를 소전류로 바꾸어 주는 것)

예제 **다음 중 계기용 변류기의 2차측 전류의 값으로 맞는 것은?**

가. 10A

나. 5A

다. 3A

라. 15A

해설 계기용 변류기의 2차측 전류는 5A이다.

4. 개폐 장치

(1) 전로(전기가 지나다니는 길)를 개폐하기 위한 무부하 상태에서 전로를 개폐할 수 있는 단로기(Disconnecting Switch) (무 부하상태, 즉 전기를 먹는 것이 없다. 단로기는 무부하상태에서만 작동. 전기차가 운영하고 있다면 이 자체가 바로 부하설비이다. 부하설비 있을 때는 급전 중인 전차선을 개폐할 수 없다. 전동차가 운행중이거나 Pan을 내렸거나 해야지만 단로기가 작동)

(2) 상시의 부하전류, 또는 과부하 정도의 전류를 안전하게 개폐할 수 있는 부하 단로기(Load Disconnecting Switch)(원래 단로기란 무부하 상태에서 개폐하는 것이지만, 상시의 부하전류나 약간의 부하에서 개폐할 수 있는 장치를 부하단로기라고 한다)

(3) 유입 차단기 등과 같이 상시의 부하전류는 물론 고장 시의 대전류도 지장 없이 개폐할 수 있는 차단기(Circuit Breaker)가 있다.

[교류 차단기의 종류]

① 유입차단기(Oil Circuit Breaker)
② 자기차단기(Magnetic Blast circuit Breaker)
③ 공기차단기(Air Blast Circuit Breaker)
④ 진공차단기(Vacuum Circuit Breaker)
⑤ 가스차단기(Gas Circuit Breaker)
⑥ 수차단기(Water Circuit Breaker

예제 **다음 중 교류차단기의 종류가 아닌 것은?**

가. HSCB 나. OCB
다. VCB 다. GCB

해설 HSCB는 직류차단기이다.

[교류차단기의 종류]
• 유입차단기(Oil Circuit Breaker)

• 자기차단기(Magnetic Blast Circuit Breaker)
• 공기차단기(Air Blast Circuit Breaker)
• 진공차단기(Vacuum Circuit Breaker)
• 가스차단기(Gas Circuit Breaker)
• 수차단기(Water Circuit Breaker) 등

[직류고속도차단기(HSCB: High Speed Circuit Breaker)]

– 원래 직류는 차단을 시킬 수 없다.
– 직류회로에서는 교류회로와 달리 전류의 극성이 일정하다.
– 교류에서처럼 ½ 싸이클마다 "0"점을 통과하지 않는다.
– 이 때문에 낮은 전압의 아크(Arc)단락이라도 고장 전류가 지속되고 자연 소멸할 가능성은 적다.
– 따라서 고장개소의 확대를 방지하기 위하여 될수록 빨리 고장회로를 분리시켜야 하므로 직류고속차단기를 사용한다.

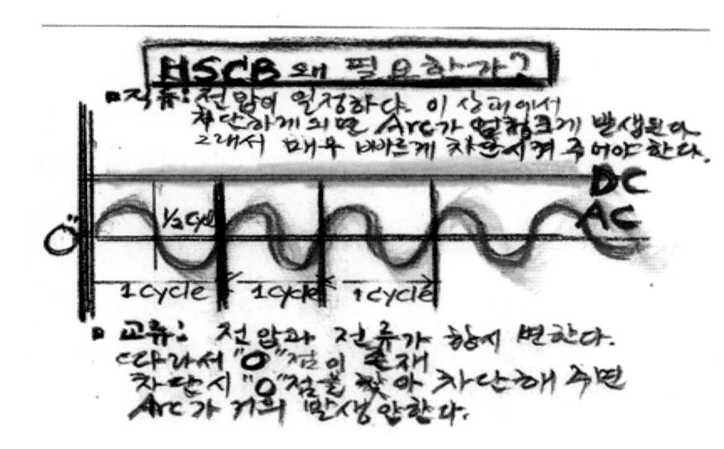

〈직류고속도차단기〉

5. 가스절연 개폐 장치(GIS: Gas Insulated Switchgear)

– 개폐장치안에 가스가 들어가 있다.
– 가스절연 개폐 장치(GIS: Gas Insulated Switchgear)는 개폐설비로서 기술적으로 분류하면 전연매질 및 차단기 형식으로 구별된다.
– 절연용으로 초기에는 SF6가스 외에 고압공기로 검토되었으나 SF6가스의 가격 저렴 및 취급기술의 진보에 의하여 SF6 가스 쪽으로 전면 채용

6. 보호설비

문제가 생겼을 때 단전시켜 그 밑에 있는 기기를 보호해 주는 설비

1) 피뢰기(Lighting Arrester)

발변전소에 낙뢰, 또는 회로의 개폐 등에 기인하는 과전압의 파고치가 어떤 일정한 값을 초과하였을 경우 방전에 의하여 과전압을 제한한다.

2) 보호계전기

보호계전기가 동작을 하면 전차선 전원 공급을 끊어 놓는다.

(1) 거리 계전기(44F)

- 거리계전기는 고장점까지의 거리를 그때의 전압, 전류를 계측하여 정정값이 내일 때 작동하도록 설계되어 있다.
- 거리계전기는 고장이 발생되었을 때 고장원인을 신속히 제거한다.
- 애자의 플래시 오버(불꽃이 팍팍 튀는 현상)가 발생할 경우에 고장구간을 고속도로 차단하여 아크를 자연적으로 소멸시키기 위해 고속도 재폐로 방식을 채용하고 있다.
- 고장이 난 상태에서 계전기가 동작을 하면 전차선이 순간적으로 단전이 된다.
- 재폐로, 즉 다시 투입시킨다. 고장 원인이 소멸되었다 하고 다시 전원을 투입시킨다.
- 새나 수목으로 인해 전차선 단전이 일어났다. 새가 떨어져 죽었다면(즉, 원인이 소멸되었다면) 단전했다가 바로 급전을 시킨다. 그래야 열차운행의 지연을 최소화시킬 수 있다. 이를 재폐로방식이라 한다(단전시켰다 다시 급전시키는 것).
- 재폐로시간은 보통 0.4~0.5sec로 되어 있다.

(2) 고장 선택 계전기(50F)

- 부하 전류 변화분(부하전류는 계속적으로 변화. 부하전류 변화 시는 동작 안 한다. "아! 일반적인 변화분이구나." 예컨대 주요 역에 열차가 1편성 또는 3편성이 있을 수 있으므로)과 고장 전류 변화분(고장이면 곧바로 선택)의 차이에 의해 장애를 검출하는 계전기이다.
- 거리계전기(동작을 못했을 경우에)의 후비 보호용으로 사용되고 있다.

– 교류급전회로에서 거리 계전기로서 선택이 곤란한 고저항의 접지 고장이나 연장 급전 시 거리 계전기로서 보호되지 않은 접지고장 등을 검출하기 위하여 거리 계전기의 후비 보호로 사용된다.
– 고장 전류만 골라서 선택

(3) 과전류 계전기(51F)

– 과전류에 의해 동작하는 계전기로서 후비 보호로서 저항이 큰 장애 검출을 위한 경우와
– 급전거리가비교적 짧은 선로(역구 내, 차량기지 내 등)에 사용되고 있다.

(4) 재폐로계전기(79F)

– 끊어졌다가 다시 연결하는 계전기
– 교류급전회로에서 장애가 발생할 때 장애요인을 자동적으로 신속히 제거할 필요가 있을 때 채용되는 계전기이다.
– 교류전자선로에 수목, 낙뢰, 조류의 외부 접촉이나 애자 섬락 등에 의해 순간 지락 또는 단락고장이 발생되면 차단기가 회로를 자동적으로 차단.
– 동시에 재폐로계전기가 동작을 개시하여 일정 시간 후 차단기를 재투입하며
– 재폐로시간은 보통 0.4~0.5sec로 되어 있다.

예제 **다음 중 전차선의 지락, 단락 등의 사고에 의하여 차단기가 자동 차단되면 동시에 동작을 개시하여 일정 시간 후 차단기를 재투입하기 위해 설치하는 계전기 및 재폐로 시간이 맞는 것은?**

가. 고장점표정장치(99F: Locator), 0.5~1.0[sec]
나. 고장 선택 계전기(50F), 0.3~0.5[sec]
다. 거리 계전기(44F), 0.2~0.5[sec]
라. 재폐로계전기(79F), 0.4~0.5[sec]

해설 재폐로계전기(79F)이며 재폐로시간은 보통 0.4~0.5[sec]로 되어 있다.

예제 **다음 중 변전소 재폐로계전기 재폐로 시간으로 맞는 것은?**

가. 0.4~0.5[sec]
나. 2.5~3.0[sec]
다. 1.5~2.0[sec]
라. 1.2~1.5[sec]

해설 재폐로계전기의 재폐로 시간은 보통 0.4~0.5[sec]로 되어 있다.

(5) 고장점 표정장치(99F:Locator)

- 고장점 표정장치는 전차 선로에 단락 또는 지락고장이 발생하게 되면 곧 동작하여 고장점까지의 거리를 나타내는 장치이다.
- 사고의 조기 복구에 기여한다.
- 교류급전방식은 직류방식에 비해 변전소의 간격이 길어서 전차선로에 고장이 발생되면 탐색구간이 길게 되고, 애자 섬락 등에는 사고에 의한 화상 흔적 등이 잘 나타나지 않아서 순회점검으로는 고장점을 찾기가 쉽지 않다.

(6) 연락차단장치

- 직류급전계통은 병렬급전이므로 급전구간 중 어느 한 쪽 차단기가 사고를 검출하여 개방한다 하여도 반대편 변전소로부터 계속적으로 전원이 공급되어 사고전류가 흐르게 된다.
- 이때 어느 한쪽 변전소에서 급전구간의 사고를 검출하여 차단기가 차단동작을 하게 되면 즉시 상대방 변전소의 차단기에 신호를 보내어 차단기를 개방시키는(차단한다) 장치를 연락차단장치라고 한다. A에 고장이 나서 보호계전기가 동작을 하고 차단기가 작동한다. 그러면 A의 장애 사항이 복귀되기 전까지는 단전되어 있어야 한다. 그러나 B는 병열급전이므로 A에게 급전을 해준다. A에게 전기가 들어가면 위험한 상황이 된다. 그래서 연락차단장치는 A가 떨어지면 B도 같이 떨어지게 해준다. 그래야 A,B 양쪽 구간이 완전히 전원이 꺼져 버린다.

[병렬급전]

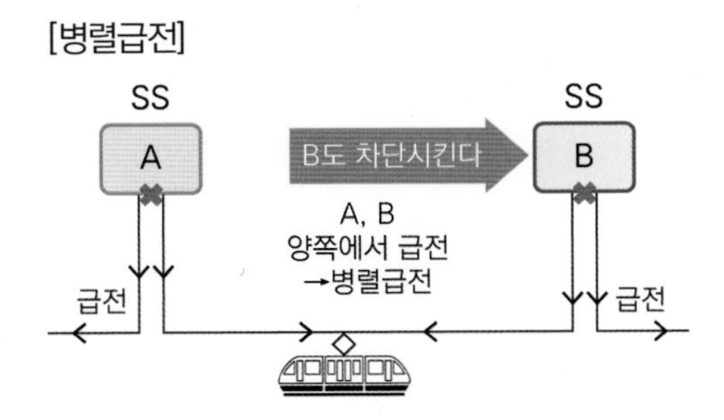

예제 **다음 중 직류 급전계통은 병렬급전이기 때문에 급전구간 중 어느 한 쪽 차단기가 사고를 검출하여 개방한다면 즉시 상대방 변전소의 차단기에 신호를 보내어 차단기를 개방시켜야 하는 장치는?**

가. 고장 선택 계전기(50F)

나. 연락차단장치

다. 재폐로계전기(79F)

라. 고장점표정장치(99F: Locator)

해설 연락차단장치에 대한 설명이다.

제3절 원방집중 감시제어장치(SCADA: Supervisory Control and Data Acquisition)

1. SCADA란?

- SCADA는 통신 경로상의(Protocol) 아날로그 또는 디지털신호를 사용하여
- 원격장치의 상태 정보데이터를 원격소 장치(R.T.U: Remote Terminal Unit)로 수집, 수신, 기록, 표시하여
- 중앙제어시스템(Host System)이 원격장치를 감시, 제어하는 시스템이다.

[원격제어설비(SCADA: Supervisory Control And Data Acquisition)]

- 무인으로 운영되는 각 역사 전기실 및 변전소의 전력기기 운전정보를 수집하여 전력사령에서 기기운전상태, 부하 변동상태등 도시철도 전력공급계통 전반을 종합 감시토록 하여,
- 장애발생시 신속한 원격제어를 가능토록 함으로써

– 전력공급계통의 응급복구와 도시철도 전력공급 업무를 차질 없이 수행하기 위한 주요설비이다.

2. SCADA 시스템의 구성

(1) 주 장치(Master Station)

(2) 통신제어장치(C.C.U: Communication Control Unit)

(3) 원격소장치(R.T.U)

예제 **다음 중 SCADA System을 구성장치에 해당하지 않는 장치는?**

가. 연락차단장치 나. 통신제어장치

다. 원격소장치 라. 주장치

해설 연락차단장치는 SCADA System을 구성장치에 해당하지 않는다.

- SCADA System 구성장치: 주장치(Master Station), 통신제어장치(C.C.U.: Communication Control Unit), 원격소장치(R.T.U.)로 구성

3. SCADA System 구성사양

① 주 컴퓨터 장치

② 인간기계연락장치(MMI: Man Machine Interface)

③ 현시반(Map Board)

④ 통신제어장치(CCU)

⑤ 시스템 이중화 장치

⑥ 통신선로 보안기

⑦ 근거리통신 네트워크(LAN)

⑧ 무정전전원장치(UPS)

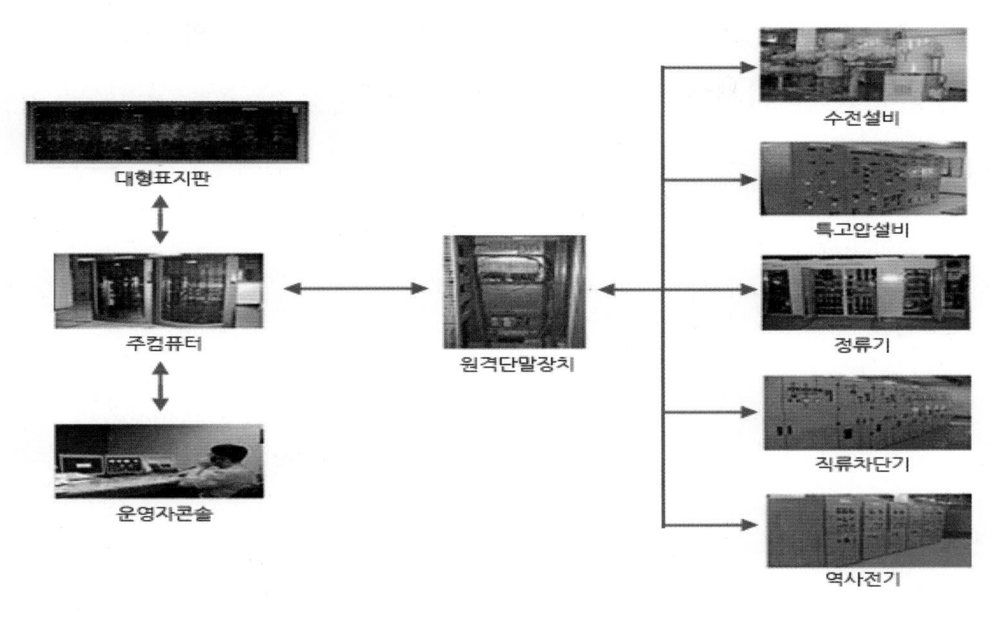

5 SCADA(Supervisory Control And Data Acquisition)시스템은 무엇인가요?

[대용량 SCADA와 소규모 SCADA의 특징 비교]

구분	대용량 SCADA	소규모 SCADA
네트워크	LAN(근거리통신망)	단독시스템
통신제어장치	– I/O Controller – 입출력부 – 데이터 송수신부 – 이중화부 – 릴레이부(절체용)	– 입출력부 – 데이터 송수신부
장점	– 각 지역별 원격소장치의 집중감시 및 제어가능 – 시스템 확장성 용이 – 계통의 전반적 파악 및 응급조치(연장급전 등)	– 적은 설비비 투자로 해당 구역(분소단위)의 효율적인 감시 – 상위시스템의 Back – Up시스템으로 구성 가능
단점	– 초기 설비비 투저 부담 – 설비 유지보수의 전문성 필요	– 시스템 확장성 제한 – 해당 구역 이외의 설비 감시 불가

[SCADA System 통신제어장치(C.C.U)]

1. 중앙처리부
2. I/O Controller
3. 송수신부
4. 입출력부

예제 **다음 중 SCADA System의 통신제어장치(C.C.U) 구성요소에 해당하지 않는 것은?**

가. I/O Controller
나. 중앙처리부
다. 송수신부
라. 무정전전원장치

해설 **[SCADA System의 통신제어장치(C.C.U) 구성요소]**

1. 중앙처리부,
2. I/O Controller
3. 송수신부
4. 입출력부

예제 **다음 중 대용량 SCADA 시스템의 장점에 관한 설명으로 틀린 것은?**

가. 시스템의 확장성이 용이

나. 각 지역별 원격소장치의 집중감시 및 제어 가능

다. 상위 시스템의 Back Up 시스템으로 구성 가능

라. 계통의 전반적 파악 및 응급 조치 용이

해설 상위 시스템의 Back Up 시스템으로 구성가능성은 소규모 SCADA의 장점이다.

구분	대용량 SCADA	소규모 SCADA
네트워크	LAN(근거리통신망)	단독시스템
통신제어장치	- I/O Controller - 입출력부 - 데이터 송수신부 - 이중화부 - 릴레이부(절체용)	- 입출력부 - 데이터 송수신부
장점	- 각 지역별 원격소장치의 집중감시 및 제어가능 - 시스템 확장성 용이 - 계통의 전반적 파악 및 응급조치 (연장급전 등)	- 적은 설비비 투자로 해당 구역(분소단위)의 효율적인 감시 - 상위시스템의 Back-Up시스템으로 구성 가능
단점	- 초기 설비비 투저 부담 - 설비 유지보수의 전문성 필요	- 시스템 확장성 제한 - 해당 구역 이외의 설비 감시 불가

[학습코너] 스카다 시스템(SCADA Systems)

- SCADA 시스템은 원거리에 산재하여 있는 설비들을 한곳에서 집중 감시, 제어할 수 있는 시스템이다. 다양한 산업설비(전력 설비, Pipe Line 설비 및 Utility)가 복잡·대형화됨에 따라 이들 설비와 계통들을 한 곳에서 효과적으로 감시, 제어, 측정하며, 이들 자료를 분석 처리하여 설비 계통의 합리적 운용 및 효율적 에너지 관리를 위한 집중원방감시제어를 가능케 하는 시스템을 말한다.
- 초기의 소규모 산업설비에서는 전체 시스템의 제어 및 감시가 그리 어려운 일이 아니었지만 시스템이 점차 복잡해지고 대형화됨에 따라 감시 제어 설비도 대규모화, 복잡화되어 기존의 방법으로는 거대한 산업설비를 효과적으로 운용하기 어렵게 되었다. 따라서 컴퓨터로 이러한 정보를 수집, 처리, 분석하고 이를 자동으로 제어하는 기능과 통신기능이 결합한 SCADA 시스템의 도입이 필요하게 되었다.
- SCADA 시스템은 일반적으로 다음과 같은 구성 요소를 갖는다.

- 인간-기계 인터페이스(Human-Machine Interface, HMI): 기계 제어에 사용되는 데이터를 인간에게 친숙한 형태로 변환하여 보여주는 장치로, 이것을 통해 관리자가 해당 공정을 감시하고 제어하게 된다.

  감시(컴퓨터) 시스템: 프로세스와 관련된 자료를 수집하고, 하드웨어 제어를 위한 실질적인 명령을 내린다.
- 원격 단말기(Remote Terminal Unit, RTU): 공정에 설치된 센서와 직접 연결되며, 여기서 나오는 신호를 컴퓨터가 인식할 수 있는 디지털 데이터로 상호 변환하고, 그 데이터를 감시 시스템에 전달한다.
- 프로그래머블 로직 컨트롤러(Programmable Logic Controller, PLC): 실제 현장에 배치되는 기기로서, 특정 용도를 위해 설계된 원격 단말기(RTU)보다 경제적이고 다목적으로 사용이 가능하다.
- 통신 시설: 제어 시스템, 원격 단말기 등 멀리 떨어져 있는 요소들이 서로 통신할 수 있도록 해준다.

다양한 공정과 분석적인 기기 장치

출처: http://hamait.tistory.com/490 [HAMA 블로그]

[국내문헌]

곽정호, 도시철도운영론, 골든벨, 2014.

김경유 · 이항구, 스마트 전기동력 이동수단 개발 및 상용화 전략, 산업연구원, 2015.

김기화, 김현연, 정이섭, 유원연, 철도시스템의 이해, 태영문화사, 2007.

박정수, 도시철도시스템 공학, 북스홀릭, 2019.

박정수, 열차운전취급규정, 북스홀릭, 2019.

박정수, 철도관련법의 해설과 이해, 북스홀릭, 2019.

박정수, 철도차량운전면허 자격시험대비 최종수험서, 북스홀릭, 2019.

박정수, 최신철도교통공학, 2017.

박정수 · 선우영호, 운전이론일반, 철단기, 2017.

박찬배, 철도차량용 견인전동기의 기술 개발 현황. 한국자기학회 학술연구발 표회 논문개요집, 28(1), 14-16. [2], 2018.

박찬배 · 정광우. (2016). 철도차량 추진용 전기기기 기술동향. 전력전자학회지, 21(4), 27-34.

백남욱 · 장경수, 철도공학 용어해설서, 아카데미서적, 2003.

백남욱 · 장경수, 철도차량 핸드북, 1999.

서사범, 철도공학, BG북갤러리 ,2006.

서사범, 철도공학의 이해, 얼과알, 2000.

서울교통공사, 도시철도시스템 일반, 2019.

서울교통공사, 비상시 조치, 2019.

서울교통공사, 전동차구조 및 기능, 2019.

손영진 외 3명, 신편철도차량공학, 2011.

원제무, 대중교통경제론, 보성각, 2003.

원제무, 도시교통론, 박영사, 2009.

원제무 · 박정수 · 서은영, 철도교통계획론, 한국학술정보, 2012.
원제무 · 박정수 · 서은영, 철도교통시스템론, 2010.
이종득, 철도공학개론, 노해, 2007.
이현우 외, 철도운전제어 개발동향 분석 (철도차량 동력장치의 제어방식을 중심으로), 2018.
장승민 · 박준형 · 양진송 · 류경수 · 박정수. (2018). 철도신호시스템의 역사 및 동향분석. 2018.
한국철도학회 학술발표대회논문집, , 46-5276호, 국토연구원, 2008.
한국철도학회, 알기 쉬운 철도용어 해설집, 2008.
한국철도학회, 알기쉬운 철도용어 해설집, 2008.
KORAIL, 운전이론 일반, 2017.
KORAIL, 전동차 구조 및 기능, 2017.

[외국문헌]

Álvaro Jesús López López, Optimising the electrical infrastructure of mass transit systems to improve the
use of regenerative braking, 2016.
C. J. Goodman, Overview of electric railway systems and the calculation of train performance 2006
Canadian Urban Transit Association, Canadian Transit Handbook, 1989.
CHUANG, H.J., 2005. Optimisation of inverter placement for mass rapid transit systems by immune
algorithm. IEE Proceedings -- Electric Power Applications, 152(1), pp. 61-71.
COTO, M., ARBOLEYA, P. and GONZALEZ-MORAN, C., 2013. Optimization approach to unified AC/
DC power flow applied to traction systems with catenary voltage constraints. International Journal of
Electrical Power & Energy Systems, 53(0), pp. 434
DE RUS, G. a nd NOMBELA, G., 2 007. I s I nvestment i n H igh Speed R ail S ocially P rofitable? J ournal of
Transport Economics and Policy, 41(1), pp. 3-23
DOMÍNGUEZ, M., FERNÁNDEZ-CARDADOR, A., CUCALA, P. and BLANQUER, J., 2010. Efficient
design of ATO speed profiles with on board energy storage devices. WIT Transactions

on The Built

Environment, 114, pp. 509-520.

EN 50163, 2004. European Standard. Railway Applications－Supply voltages of traction systems.

Hammad Alnuman, Daniel Gladwin and Martin Foster, Electrical Modelling of a DC Railway System with

Multiple Trains.

ITE, Prentice Hall, 1992.

Lang, A.S. and Soberman, R.M., Urban Rail Transit; 9ts Economics and Technology, MIT press, 1964.

Levinson, H.S. and etc, Capacity in Transportation Planning, Transportation Planning Handbook

MARTÍNEZ, I., VITORIANO, B., FERNANDEZ－CARDADOR, A. and CUCALA, A.P., 2007. Statistical dwell

time model for metro lines. WIT Transactions on The Built Environment, 96, pp. 1－10.

MELLITT, B., GOODMAN, C.J. and ARTHURTON, R.I.M., 1978. Simulator for studying operational

and power－supply conditions in rapid－transit railways. Proceedings of the Institution of Electrical

Engineers, 125(4), pp. 298－303

Morris Brenna, Federica Foiadelli, Dario Zaninelli, Electrical Railway Transportation Systems, John Wiley &

Sons, 2018

ÖSTLUND, S., 2012. Electric Railway Traction. Stockholm, Sweden: Royal Institute of Technology.

PROFILLIDIS, V.A., 2006. Railway Management and Engineering. Ashgate Publishing Limited.

SCHAFER, A. and VICTOR, D.G., 2000. The future mobility of the world population. Transportation

Research Part A: Policy and Practice, 34(3), pp. 171-205. · Moshe Givoni, Development and Impact of

the Modern High−Speed Train: A review, Transport Reciewsm Vol. 26, 2006.
SIEMENS, Rail Electrification, 2018.
Steve Taranovich, Electric rail traction systems need specialized power management, 2018
Vuchic, Vukan R., Urban Public Transportation Systems and Technology, Pretice−Hall Inc., 1981.
W. F. Skene, Mcgraw Electric Railway Manual, 2017

[웹사이트]

한국철도공사 http://www.korail.com
서울교통공사 http://www.seoulmetro.co.kr
한국철도기술연구원 http://www.krii.re.kr
한국개발연구원 http://www.kdi.re.kr
한국교통연구원 http://www.koti.re.kr
서울시정개발연구원 http://www.sdi.re.kr
한국철도시설공단 http://www.kr.or.kr
국토교통부: http://www.moct.go.kr/
법제처: http://www.moleg.go.kr/
서울시청: http://www.seoul.go.kr/
일본 국토교통성 도로국: http://www.mlit.go.jp/road
국토교통통계누리: http://www.stat.mltm.go.kr
통계청: http://www.kostat.go.kr
JR동일본철도 주식회사 https://www.jreast.co.jp/kr/
철도기술웹사이트 http://www.railway−technical.com/trains/

A~Z

저자소개

원제무

원제무 교수는 한양 공대와 서울대 환경대학원을 거쳐 미국 MIT에서 도시공학 박사학위를 받고, KAIST 도시교통연구본부장, 서울시립대 교수와 한양대 도시대학원장을 역임한 바 있다. 도시재생, 도시부동산프로젝트, 도시교통, 도시부동산정책 등에 관한 연구와 강의를 진행해 오고 있다.

서은영

서은영 교수는 한양대 경영학과, 한양대 공학대학원 도시SOC계획 석사학위를 받은 후 한양대 도시대학원에서 '고속철도개통 전후의 역세권 주변 토지 용도별 지가 변화 특성에 미치는 영향 요인분석'으로 도시공학박사를 취득하였다. 그동안 부동산 개발 금융과 지하철 역세권 부동산 분석 등에도 관심을 가지고 강의와 연구논문을 발표해 오고 있다.
현재 김포대학교 철도경영과 학과장으로 철도정책, 철도경영, 서비스 브랜드 마케팅 등의 과목을 강의하고 있다.

도시철도시스템 II 신호제어설비 · 전기설비일반

초판발행 2021년 1월 10일

지은이 원제무 · 서은영
펴낸이 안종만 · 안상준

편 집 전채린
기획/마케팅 이후근
표지디자인 조아라
제 작 우인도 · 고철민

펴낸곳 (주) 박영사
서울특별시 금천구 가산디지털2로 53, 210호(가산동, 한라시그마밸리)
등록 1959. 3. 11. 제300-1959-1호(倫)
전 화 02)733-6771
f a x 02)736-4818
e-mail pys@pybook.co.kr
homepage www.pybook.co.kr
ISBN 979-11-303-1142-5 93550

정 가 17,000원